KONSTANTIN BÖRNER

Auf Rehe jagen

MIT HERZ UND VERSTAND

Erfolgreiche Rehwildjagd – dank wildbiologischem Know-how

KOSMOS

☞ Inhalt

5 Wildbiologie schafft Jagdkompetenz

4 FRÜHJAHR – DAS REHWILD KOMMT IN FORM

6 Wildbiologische Fakten

8 Das Licht des Frühjahrs
8 Böcke im Frühling
11 Ricken
11 Lichtstörungen und Anomalien
12 Abnorme Böcke
14 Territorialität und Machtanspruch
16 Schrecken ohne Ende
18 Das Rehwild und seine Feinde
20 Sonstige Sterblichkeitsgrößen

23 Jagd & Management

23 Rehwildaktivität und Jagd
26 Der Wildbestand – die Unbekannte
31 Kitzrettung aus der Luft
34 Andere Kitzrettungsmethoden
35 Abschussplanung
37 Jagen im Rehrhythmus
38 Tages- und Jahresaktivität
39 Raumnutzung
43 Gedanken zur Frühjahrsjagd

44 SOMMER – RUHIGE ZEITEN UND WILDES TREIBEN

46 Wildbiologische Fakten

48 Schweißtreibende Witterung
50 Das Wandern – des Rehs Lust?
54 Verschiedene Wege zum Erfolg
58 Einflussfaktoren Geweihentwicklung

64 Jagd & Management

64 Intervalljagd
66 Chancen und Grenzen
68 Heiße Brunft

73 Blatten – wann, wo, wie?
76 Der Ton macht die Musik
77 Exkurs blühende Landschaften

80 HERBST – ERNTE AUF ANSITZ, PIRSCH UND DRÜCKJAGD

82 Wildbiologische Fakten

82 Bunte Überraschungen
86 Altersansprache weibliches Rehwild
87 Auf der Flucht
90 Sechster Sinn
92 Altersbestimmung am erlegten Stück
94 Rehe und Reproduktion
96 Altern und Tod

99 Jagd & Management

99 Ansitz im Herbst
102 Auf Pirschgang
105 Jagd als Störfaktor
108 Rehwildnachsuchen
111 Der perfekte Schuss
114 Wie effektiv sind wir?

118 WINTER – ANGEPASST DURCH HARTE WOCHEN

120 Wildbiologische Fakten

120 Rehsprünge
121 Schlaf gut ...
123 Diapause – Wunder der Natur
126 Geschlechterkampf
130 Auf und davon

132 Jagd & Management

132 Lenkung von Rehen
133 Rehwild auf Bewegungsjagden
138 Unverhandelbar – Muttertierschutz
140 Verbiss – der ewige Konflikt
147 Verbissschutz
147 Das Reh, die Jagd und der Mensch
150 Zur Ruhe kommen

156 Schlussbemerkung

☞ **Quellenverzeichnis (PDF):**
kosmos.de/rehe-jagen

Meinen Eltern Annemarie und Bernd gewidmet.
Sie weckten seit meiner frühesten Kindheit
das Interesse an der Natur und ihren Prozessen in
mir und legten so den Grundstein für meinen
späteren Lebensweg.

WILDBIOLOGIE SCHAFFT JAGDKOMPETENZ

Das vorliegende Buch befasst sich neben der Jagdpraxis auch ganz bewusst intensiv mit der Wildbiologie des Rehwildes. Das Interesse für diese Disziplin ist bei vielen Jägern naturgemäß stark ausgeprägt. Diesen Umstand möchte ich mir zunutze machen, denn wildbiologisches Wissen gehört gleichzeitig zum elementaren jagdlichen Rüstzeug. Es wird nicht immer die neuste Rehwildbüchse, -patrone oder sonstiges „bahnbrechendes" Zubehör benötigt. Was wir tatsächlich brauchen, sind gut (aus)gebildete Jäger. Denn nur wer mit der Biologie seiner Beute vertraut ist, wird sie langfristig erfolgreich bejagen und auch verantwortungsbewusst behandeln. Belastbare, nachprüfbare Daten, die uns auch bezüglich unseres Rehwildes praktisch dauerhaft von der Wissenschaft vorgelegt werden, liefern uns in diesem Zusammenhang wichtige Entscheidungshilfen im Revier. Sie bilden zugleich die Grundlage, den heutigen Anforderungen an die Rehwildjagd gerecht werden zu können. Denn Jagd hat zweifellos Bedingungen zu schaffen, die den notwendigen Waldumbau gewährleisten muss. Die Kreatur darf dabei aber nicht aus den Augen verloren werden – auch ihr müssen wir ebenso gerecht werden wie allen übrigen Anforderungen. Der Jäger ist demnach also doppelt verpflichtet. Das ist der Grund, warum einige Zusammenhänge in diesem Buch besonders nachdrücklich und ggf. auch redundant dargestellt wurden.

Zu guter Letzt ist Wissen aber auch ein gutes gesellschaftliches Argument. Hohe Aus- und Weiterbildungsstandards helfen bei einer positiven öffentlichen Wahrnehmung der Jagd. Denn letztendlich ist es eben jene Gesellschaft, die darüber entscheidet, wie es mit der Jagd bei uns künftig weitergeht.

Dieses Wissen ist natürlich bei Weitem nicht allein mein Verdienst, sondern der zahlreicher internationaler Wildbiologen und Wissenschaftler, deren Veröffentlichungen auch zitiert werden. Das dazugehörige Quellenverzeichnis abzudrucken, hätte den Rahmen des Buches gesprengt. Näher Interessierte können es sich aber unter *kosmos.de/rehe-jagen* als PDF herunterladen.

Zuletzt bitte ich Leserinnen und Jägerinnen, mir nachzusehen, wenn ich in diesem Buch der Einfachheit halber meist nur die männliche Form, also z. B. „Jäger" verwende. Selbstverständlich möchte ich immer alle Geschlechter ansprechen.

Panketal im Frühjahr,
Konstantin Börner

FRÜHJAHR — *das Rehwild kommt in Form*

WILDBIOLOGISCHE FAKTEN

Mit den länger werdenden Tagen im Frühjahr stellt sich der Organismus unseres Rehwilds auf eine neue Phase des Jahres ein. Das Wild kommt in kurzer Zeit auf Hochtouren. Der alles steuernde Faktor ist das Licht.

DAS LICHT DES FRÜHJAHRS

Mit den länger werdenden Tagen im Frühling stellt sich der Organismus unserer Rehe auf eine neue Phase des Jahres ein. Rezeptoren im Inneren ihrer Lichter registrieren die Veränderungen der Tageslänge und ihr Körper stellt sich adäquat darauf ein. Für Rehwild, aber auch für andere Hirscharten der gemäßigten und borealen Zone ist es überlebensnotwendig, auf die periodischen Änderungen der jahreszeitlichen Bedingungen zu reagieren.

Die länger werdenden Tage lassen den Testosteronspiegel der Böcke ansteigen und die Geweihbildung beginnen.

BÖCKE IM FRÜHLING

Bei den Böcken kommt es mit der Zunahme des Lichtes im Frühjahr zu deutlichen hormonellen Veränderungen. Grundsätzlich sind der zyklische Aufbau, das Fegen und auch der spätere Abwurf der Geweihe ein hormonell und neuronal kontrollierter Prozess. Die jahreszeitliche Taktung und Synchronisierung werden durch die unterschiedlichen Tageslängen im Jahresgang gesteuert. Auf diese Weise wird – wie auch bei den Ricken – sichergestellt, dass alle Abläufe zur rechten Zeit stattfinden.

GEWEIHZYKLUS

Beim Geweihzyklus spielt das Hormon Testosteron eine sehr wesentliche Rolle. Untersuchungen haben bestätigt, dass eine geringe Menge an Testosteron für den Beginn und das Wachstum der Geweihe erforderlich ist. Für die Böcke bedeuten die länger werdenden Tage des Frühjahres einen Anstieg ihres Testosteronwertes. Erreicht dieser eine gewisse Konzentration, wird das Abstoßen des

Der Fegezeitpunkt sagt wenig über das Alter eines Bockes. Unterscheiden lassen sich dadurch nur Jährlinge und Mehrjährige.

Bastes eingeleitet. Da dieser Schwellenwert bei Jährlingen erst zeitversetzt im Jahr erreicht wird, fegen diese ihre Geweihe später. Ab dem zweiten Lebensjahr verschiebt sich der Fegetermin häufig jedoch nicht mehr wesentlich. Ich selbst kannte Böcke, die Jahr für Jahr innerhalb eines wenige Tage umfassenden Fensters gefegt haben. Nimmt der Testosteronspiegel im Herbst wieder ab, werden die Stangen abgeworfen.

Welche Bedeutung Hormone für die Geweihbildung des Bockes besitzen, verdeutlicht folgende Tatsache: Die einmalige Verabreichung des weibliches Hormons Östrogen führt dazu, dass das Geweihwachstum eingestellt und kurz danach verfegt wird.

Übrigens ist die Bezeichnung „Gehörn" für die Geweihe der Böcke biologisch nicht korrekt, auch wenn sie nach wie vor üblich ist und auch im vorliegenden Buch immer wieder einmal verwendet wird. Geweihe und Hörner unterscheiden sich grundlegend in ihrer Bildung und Zusammensetzung: Geweihe sind aus Knochen, während Hörner wie Hufe und Nägel aus Keratin bestehen.

KEIN HOLZ, SONDERN KNOCHEN

In vergangenen Jahrhunderten gingen Jäger und Naturforscher davon aus, dass Geweihe aus einer holzähnlichen Struktur bestehen. Erst später gelang der Nachweis, dass es sich um einen Knochen handelt. Dieser Geweihknochen ist um ein Vielfaches stabiler als ein vergleichbarer Skelettknochen. Vergleichsweise neu ist die Erkenntnis, dass es sich bei dem Geweihknochen um eine lebendige Struktur handelt. Genau wie ein Skelettknochen wird er mit Blut versorgt.

„... ALT FEGT ZUERST?"

Der Fegetermin eines Bockes hat entgegen der noch immer verbreiteten Meinung nur wenig mit dem Alter zu tun. Unterschieden werden können damit nur Jährlinge von mehrjährigen Böcken: Erstgenannte fegen nach dem ersten April, während mehrjährige Böcke zu diesem Zeitpunkt schon gefegt haben. Analog gilt das auch für den Zeitpunkt des winterlichen Abwerfens. Auch hier lassen sich mit einiger Sicherheit nur Jährlinge und mehrjährige Böcken unterscheiden. Jährlinge werfen ihr Geweih im Allgemeinen im November oder Dezember ab, während ältere Böcke dies schon eher tun.

RICKEN

Mit Beginn des Frühjahrs sind die Ricken bereits hochtragend. Der Setzzeitpunkt ist so abgestimmt, dass er zu einer Zeit erfolgt, in der den Ricken ausreichend Äsung zur Aufzucht einer neuen, vitalen Kitzgeneration zur Verfügung steht.

KLIMAWANDEL …

Der Klimawandel stellt unser Rehwild und selbstverständlich auch andere Wildtierarten diesbezüglich vor eine neue Herausforderung. In den letzten 50 Jahren stieg die Jahresmitteltemperatur in Deutschland um 1,9 °C. Darüber hinaus beginnt das Frühjahr zeitiger. Als ein gängiger Indikator für den Frühjahrsbeginn wird in unseren Breiten die Forsythienblüte herangezogen: Bei dieser Strauchart hat sich der Beginn der Blüte in den letzten Jahrzehnten um ca. 13 Tage nach vorn verschoben.

Grundsätzlich sind Säugetierarten in der Lage, auf klimatische Veränderungen z. B. mit einer Verschiebung des Lebensraumes oder mit einer Anpassung ihres jährlichen Zyklus zu reagieren. Bezüglich des ansonsten sehr anpassungsfähigen Rehwildes ging man in der Vergangenheit allerdings davon aus, dass es nicht in der Lage ist, darauf zu reagieren (PLARD et al. 2014).

… UND REAKTION

In einer aktuellen Studie der Wildforschungsstelle des Landes Baden-Württemberg (WFS) wurde untersucht, ob das Reh möglicherweise doch Reaktionen auf die klimatischen Änderungen zeigt (HAGEN et al. 2021). Bei dieser Analyse konnte auf eine enorme Datenreihe zurückgegriffen werden. Insgesamt lagen auswertbare Daten

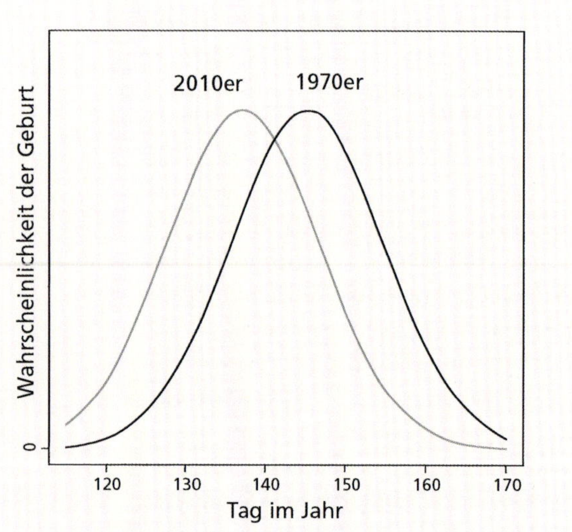

Der mittlere Setzzeitpunkt hat sich beim Rehwild in vier Jahrezehnten um ca. eine Woche vorverlegt (HAGEN et al. 2020).

Im Mittel werden heute die Kitze am 20. Mai gesetzt.

von 16 111 markierten Rehkitzen für den Zeitraum von 1972 bis 2019 vor. Nach umfassender statistischer Analyse wies man nach, dass sich der mittlere Setzzeitpunkt des Rehs seit 1972 um circa eine Woche nach vorn verschoben hat. Dieser ist nun der 20. Mai. Für eine Wildtierart, bei der über drei Viertel der Nachkommen innerhalb von vier Wochen gesetzt werden, ist eine derartige Verschiebung ein deutlicher Indikator für eine Anpassung.

LICHTSTÖRUNGEN UND ANOMALIEN

Welche grundsätzliche Bedeutung die Tageslichtlänge besitzt, wird bei Hirscharten deutlich, die in der Nähe des Äquators leben. So besitzen z. B. der Rusahirsch in Indonesien und der Davidshirsch in Südchina keine Saisonalität. Sie ist auch nicht nötig, da jahreszeitliche Schwankungen nur gering oder gar nicht auftreten. Man kann auf der beliebten Ferieninsel Mauritius, auf der Rusahirsche eingebürgert wurden, daher zu jeder Zeit Hirsche in den verschiedenen Stadien ihres Geweihzyklus antreffen. Der Geweihkreislauf ist auch nicht an den Fortpflanzungszyklus gekoppelt.

Wann das Geweih geschoben, gefegt und abgeworfen wird, hängt am Äquator von der Geburt des Stücks ab. Interessant ist dabei, dass die einzelnen Phasen des Zyklus Jahr für Jahr zur selben Zeit ablaufen. Ein Hirsch, der im Juni abwirft, wird dies also über sein ganzes Leben hinweg beibehalten.

Siedelte man unsere Rehe in die Tropen um, käme es dazu, dass sich der Geweihzyklus ebenfalls von den Jahreszeiten entkoppelt, da die jahreszeitlich unterschiedlichen Tageslängen als Taktgeber entfallen. Bemerkenswert ist außerdem, dass die tropischen Hirscharten auch zu jeder Zeit des Jahres fruchtbar sind. Dies ist bei unseren Rehen nicht der Fall.

Die Geweihbildung indonesischer Rusahirsche ist nicht an Jahreszeiten gebunden.

ZWEI GEWEIHE IN EINEM JAHR

Welche Auswirkung Manipulationen der Photoperiode auf den Geweihzyklus haben können, verdeutlichen entsprechende Experimente. Auch wenn die Untersuchungen nicht an Rehböcken durchgeführt wurden, sind die grundsätzlichen Abläufe doch identisch und ermöglichen somit wichtige Einblicke in die Zusammenhänge.

Um herauszufinden, welchen Effekt das Sonnenlicht im Einzelnen auf die Geweihentwicklung nimmt, hielt man Damhirsche in einer Halle, die völlig vom Sonnenlicht abgeschirmt war (SCHNARE & FISCHER 1987). Den Hirschen wurde durch entsprechende Lichtverhältnisse der Verlauf zweier Jahresperioden vorgegaukelt, obwohl tatsächlich nur 365 Tage vergangen waren.

Das Ergebnis war höchst erstaunlich. Die auf diese Weise fehlgeleiteten Hirsche schoben innerhalb eines (echten) Jahres zweimal ein Geweih. Überraschend war weiterhin, dass die Hirsche in dieser Zeit auch optisch

Seltene Ausnahme: Ricke mit Geweih

RICKEN, KNOCHEN UND GEWEIHE

In seltenen Fällen tragen auch Ricken ein Geweih, das sie – noch seltener – auch blank fegen. Interessante Versuche haben gezeigt, dass Verletzungen des Stirnbeins auch bei weiblichen Rehen ein Geweihwachstum auslösen können. Ebenfalls erstaunlich: Transplantiert man die geweihbildende Haut des Stirnbeins auf andere exponierte Knochen, kann auch dort ein Geweih wachsen!

schneller alterten. Der Versuch, die Photoperiode noch weiter zu verkürzen, scheiterte allerdings, da die betreffenden Stücke dann nicht mehr in der Lage waren, korrekte Geweihe zu schieben.
Bei Versuchen mit Rehböcken wurde wiederum festgestellt, dass auch eine konstante Tageslänge dazu führen kann, dass innerhalb eines Jahres zwei Geweihe geschoben werden.

ABNORME BÖCKE

Vorgenannte kleine Beispiele verdeutlichen eindrucksvoll, welchen Einfluss der Faktor Licht auf die Steuerung des Geweihzyklus ausübt. Das Sonnenlicht setzt gleich einem „Domino-Effekt" eine komplexe physiologische Kaskade in Gang, an dessen Ende in den allermeisten Fällen ein „korrektes Geweih" entsteht. Kommt es zu diesbezüglichen Beeinträchtigungen, kann dies zur Entstehung von Abnormitäten führen.

VERLETZUNGEN IM BAST

Beim Rehwild entstehen die meisten Abnormitäten durch Verletzungen des Bastgeweihs während des Schiebens. Dies kann 15 bis 30 % der Böcke betreffen (KURT 1999). In diesem Kontext sind auch Verletzungen der Rosenstöcke und des Körpers zu nennen, die auf das Geweih zurückwirken.
Früher gab es in den meisten Revieren zum Teil deutlich höhere Anteile abnormer Böcke. Der Grund dafür ist einfach: Die Zahl an Zäunen, Drähten und Stacheldrähten in den Revieren war erheblich größer als heute.

STOFFWECHSEL, HORMONE, GENE

Andere Ursachen für Abnormitäten sind Störungen des Stoffwechsels (z. B. Widdergehörn) oder Hormonhaushaltes (z. B. Plattkopf). Ein sehr prominentes Beispiel für eine hormonell induzierte Geweihanomalie ist der Perückenbock. Infolge des Fehlens von Testosteron – meist in Zusammenhang

mit Verletzungen der Brunftkugeln – erhält das Geweihwachstum kein Stoppsignal, sodass das Geweih permanent weiterwächst. Das führt zu einem abnorm perückenartig geformten Geweih.
Vereinzelt treten auch genetische Defekte als Ursache für Abnormitäten in Erscheinung.

DOPPELKÖPFE

Eine beim Rehwild sehr seltene Abnormität ist der sogenannte Doppelkopf. Er entsteht, wenn das zunächst geschobene Geweih nicht abgeworfen wird und das Folgegeweih regelrecht um die noch auf dem Rosenstock sitzende Stange wächst. Dies kann beid- oder einseitig erfolgen, wobei letzter Fall nicht selten ist. In ausgesprochenen Ausnahmefällen kann es auch dazu kommen, dass sogar drei Geweihgenerationen auf einem Rosenstock getragen werden.
Der bekannte Wildbiologe Anthony Bubenik stellte die These auf, dass die Ursache solcher „Parallelgeweihe" eine Störung des Hormonhaushalts ist, aufgrund derer es zu einer unzureichenden Trennung zwischen Rosenstock und Geweihstange kommt. Dabei bleiben die zu der Hormonstörung führenden Gründe häufig unklar.
Lange Zeit rätselte man, ob die Geweihneubildung durch den Abwurf des Geweihs ausgelöst wird. Die Doppelkopfbildung belegt jedoch, dass der Abwurf des Geweihs nicht den entscheidenden Stimulus für die Bildung des Folgegeweihs darstellt, denn dann wäre die Entstehung dieser Anomalie gar nicht möglich.

FROSTGEHÖRNE

Es wird immer wieder angenommen, dass obere Geweihteile bei starkem Frost absterben und dann abbrechen. Da diese Anomalie auch bei Böcken in sehr viel kälteren Arealen als unseren Breiten nicht häufiger vorkommt, scheint dies fraglich. Vermutlich handelt es sich eher um eine stoffwechselbedingte Beeinträchtigung.

Ein großer Teil der Geweihanomalien bei Rehböcken geht auf das Konto von Verletzungen im Bast.

Perückenböcke entstehen infolge hormoneller Störungen.

Bei diesen Bock kam es vermutlich zu einem Bruch der rechten Stange während des Schiebens.

TERRITORIALITÄT UND MACHTANSPRUCH

TERRITORIUM IST NICHT GLEICH STREIFGEBIET

In der Biologie spricht man von einem Territorium, wenn ein Gebiet gegen Eindringlinge verteidigt wird. Ein Territorium stellt sicher, dass wichtige Ressourcen durch den Besitzer monopolisiert werden. Dabei geht es oft um die Sicherung von Nahrung, manchmal wird aber auch der Zugang zu Fortpflanzungspartnern gesichert. Im Gegensatz dazu ist ein Streifgebiet ein umschriebenes Gebiet, das zeitweise durch andere Artgenossen mitgenutzt wird. Es besteht also im Unterschied zum Territorium keine Exklusivität.

DER „ALTE" IST IM VORTEIL

Das Frühjahr ist die Jahreszeit, in der Böcke ihre Reviere erkämpfen müssen. Sofern er noch lebt, ringt dabei der alte Inhaber mit allen Herausforderern um das betreffende Territorium. Der „Alte" geht dabei mit einem gehörigen Vorsprung in die Auseinandersetzungen: Er ist in der Regel der älteste und körperlich stärkste Bock dieses Bereiches. Er verfügt zudem über die größte Erfahrung und Ortskenntnis.

01

02

01 Fast immer behält der Platzbock die Oberhand. Vor allem jüngere und schwächere Rivalen räumen meist kampflos das Feld.

02 Ein körperliches Kräftemessen zwischen Böcken ist die Ausnahme.

Kommt es zu Auseinandersetzungen zwischen Jährlingen und Revierinhabern, klären sich die Verhältnisse im Allgemeinen, ohne das es zu einem tatsächlichen Kampf kommt. Der Jährling hat in solchen Duellen auch dann das Nachsehen, wenn er körperlich ebenbürtig ist. Häufig sind mehr oder weniger lange Hetzen die Folge. Tatsächliche Kämpfe, die auch mit den Geweihen geführt werden, sind sehr selten (HOEM et al. 2007). Die Vorteile für den alten Platzbock sind i. d. R. so groß, dass er in den meisten Fällen auch wieder der neue Revierinhaber wird. Dies ist auch der Grund, warum man Böcke oft über Jahre hinweg in einem bestimmten Bereich bestätigen kann.

MEIN LIEBER FEIND

Selbst wenn ein Revier einmal besetzt ist, muss es gegen Eindringlinge behauptet werden. Unter Reviernachbarn geht es dabei weitestgehend friedlich zu. Dies folgt der „Lieber-Feind-Konvention“, wonach Kontrahenten, die einander kennen, weniger heftig aufeinander losgehen. Man kennt und akzeptiert den jeweils Anderen und die Grenzen der Reviere.

Unbekannte Eindringlinge werden dagegen scharf verfolgt. Dabei sind die Platzböcke umso aggressiver, je stärker der Eindringling ist. Schwache Jährlinge werden wie auch Territoriumnachbarn nur selten angegriffen. Von ihnen geht offenbar keine große Gefahr aus, sodass sie eher im eigenen Revier geduldet werden.

Aggressive Konflikte zwischen Böcken bleiben die Ausnahme. Die tatsächliche Eskalationsrate ist sehr gering, und nur selten kommt es zu einem körperlichen Kräftemessen. Findet in seltenen Fällen dennoch ein Kampf statt, geht das Revier des Territoriumeigners nicht zwangsläufig verloren, selbst wenn er unterliegt (HOEM et al. 2007). Ist also ein Revier einmal eingenommen, bleibt es, von Einzelfällen abgesehen, für einige Jahre auch in der Hand dieses Bockes.

GRÜNDE FÜR TERRITORIALITÄT

Eine grundsätzliche Frage stellt sich: Warum entwickeln Böcke überhaupt eine Territorialität? Immerhin ist die Verteidigung des Reviers für dessen Inhaber mit nicht unerheblichen energetischen Kosten verbunden. Die Antwort lautet: Auf diese Weise kann ein Bock mehr Ricken für sich monopolisieren, also für sich allein beanspruchen, als es zufällig und ohne Territorialität der

EXKURS VERTEIDIGUNGSBEREITSCHAFT

Wie intensiv Territorien verteidigt werden, hängt in hohem Maße davon ab, wie wertvoll die zu verteidigende Ressource ist. Das Waldbrettspiel, ein bei uns häufiger Tagfalter, lebt überwiegend im Wald. An kleinen Sonnenplätzen warten die Männchen auf vorbeikommende Weibchen und verteidigen ihre Plätze gegen Geschlechtsgenossen. Die Kämpfe werden dabei aber mit keiner besonderen Härte geführt, weil diese Ressource häufig vorhanden ist. Anders als bei Rehböcken hat der Revierinhaber in der Auseinandersetzung nicht nur einen Vorteil und Eindringlinge verlieren immer gegen die „Revierinhaber". Dieses Phänomen wird in der Biologie als arbiträre Konvention bezeichnet. Bei Versuchen mit Blaumeisen ging man einen Schritt weiter und entfernte den Territoriuminhaber aus dem Revier. War das Revier durch ein anderes Männchen neu besetzt, setzte man den alten Inhaber wieder zurück: In der Folge kam es zu Kämpfen, wie sie in dieser Vehemenz sonst nicht zu beobachten waren. Umso später die alten Revierinhaber nach der Übernahme eingesetzt wurden, desto geringer waren die Chancen, es zurückzugewinnen.

Fall wäre. Im Durchschnitt sind dies zwei bis vier Ricken. Dieser Gewinn wiegt für ihn die Kosten der Revierverteidigung wieder auf. Hätten Böcke die Möglichkeit, die genannte Zahl an Ricken und deren Beschlag ohne Revierverhalten zu erlangen, gäbe es keine Territorialität.

SCHRECKEN OHNE ENDE

Rehwild ist jetzt im Frühjahr deutlich aktiver als im übrigen Jahr und dementsprechend nun auch wesentlich häufiger zu hören. Wähnt es eine Gefahr, die es nicht eindeutig zuordnen kann, erschallt der markante „Bö"-Laut, das sogenannte Schrecken. Dieser Laut wird dann laut und staccatoartig ausgestoßen und die potenzielle Gefahrenquelle dabei in der Regel nicht aus den Augen gelassen. Manchmal beobachtet man auch, wie die Tiere dabei mit ihren Läufen aufstampfen und mit dem Haupt auf- und abwippen. Rehe tun dies, um einem vermeintlichen Räuber klar zu machen, dass er entdeckt ist. Die Botschaft an ihn lautet wohl, dass sich das Festhalten an seinem Plan nicht lohnt und man sich eine Verfolgungsjagd im wahrsten Sinne des Wortes besser „spart", denn die kostet beide Seiten unnötig Energie.

FEINDVERMEIDUNG

Dass im Frühjahr nun deutlich öfter geschreckt wird als im Winter, wird in erster Linie mit der einsetzenden Vegetation begründet. Denn nun können Gefahrenquellen weniger gut identifiziert werden. Daraus lässt sich die Grundregel ableiten: Je schlechter die Sicht, desto häufiger ertönt das Schrecken. Geschreckt wird grundsätzlich von beiden Geschlechtern und allen Altersklassen. Kitze sind bereits etwa ab dem dritten Lebens-

SCHRECKKONZERTE

Nicht selten entwickelt sich aus dem Schrecken eines Rehs ein richtiges Konzert, sodass manchmal bis zu fünf Stücke von allen Seiten „Laut geben". Dies steht jedoch nicht in erster Linie im Zusammenhang mit einem Warnen. Wahrscheinlicher ist, dass es sich um eine Gemeinschaftsstrategie handelt, mit der ein potenzieller Feind verwirrt werden soll (OLI & JACOBSON 1995).

monat dazu in der Lage. Ihr selten zu hörender Schrecklaut hört sich wesentlich höher an als der älterer Stücke. Sie sind auch die Einzigen, die sich sicher von anderen ihrer Art unterscheiden lassen. Böcke erzeugen zwar im Vergleich zu Ricken tiefere und etwas kürzere Töne, diese sind aber meist nur im direkten Vergleich unterscheidbar. Interessant ist die Tatsache, dass Ricken mit Nachwuchs häufiger schrecken als dies weibliche Einzelgänger tun.

TERRITORIALSCHRECKEN

Grundsätzlich schrecken Böcke häufiger als Ricken (REBY et al. 1998). Oft tun es Böcke auch dann, wenn es keinen erkennbaren Grund dafür gibt. Dieses Verhalten kann nicht im Zusammenhang mit Feindvermeidung oder dem Warnen anderer Rehe stehen. Tatsächlich handelt es sich um einen Laut, der als Merkmal der Territorialität zu verstehen ist. Sehr vereinfacht könnte er übersetzt heißen: „Hier bin ich, das ist mein Territorium." Dies ist auch der Grund, warum ältere Böcke häufiger schrecken als jüngere. Neben optischen und olfaktorischen Botschaften der Revierabgrenzung ist das Schrecken als akustisches Signal der Besitzanzeige zu deuten. Es trägt dazu bei, sich kampflos aus dem Weg zu gehen. Sehr wahrscheinlich können sich Reviernachbarn sogar an der Stimme erkennen.

BÖCKE HERANSCHRECKEN

Vermutlich ist der Schrecklaut evolutiv zunächst im Rahmen der Feindvermeidung entstanden. Später wurde es teilweise umfunktioniert und von Böcken auch zur Territorialabgrenzung eingesetzt. Welche detaillierten Informationen Rehe mittels Schreckens noch mitteilen, ist jedoch noch nicht vollständig entschlüsselt.
Einem Jäger, der das Schrecken nachahmt, wird es nicht selten gelingen, das „Rückschrecken" eines anderen Rehs zu provozieren. Vereinzelt wird sich auch ein Bock zum

Das Schrecken ist wohl auch eine Botschaft an den vermeintlichen Feind: „Verfolgung zweckos, du bist entdeckt."

Alle Funktionen des Schreckens sind noch nicht geklärt. Dass es bei Böcken außer Warnen auch ein akustisches Signal der Territorialität sein kann, weiß man aber.

Zustehen bewegen lassen – in der Annahme, das imitierte Schrecken könne von einem Eindringling stammen. Dies zeigen auch Versuche an besenderten Böcken, denen Schrecklaute ihrer jeweiligen Reviernachbarn vorgespielt wurden.
In etwa einem Drittel der Fälle kam es zu einer Reaktion der Territoriuminhaber auf den vermeintlichen Eindringling. Etwa die Hälfte der reagierenden Böcke schreckte ihrerseits, ohne den Platz zu verändern, die andere Hälfte näherte sich dem Lautsprecher und nur einmal floh der Revierinhaber (REBY et al. 1999). Selbst Böcke „herbeizuschrecken" und daraus vielleicht sogar eine zuverlässige Strategie entwickeln zu wollen, ist demnach sicher schwierig. Zuverlässiger lässt sich der nachgeahmte Schrecklaut gegenüber ziehenden Rehen einsetzen, um sie zum Verhoffen zu bringen. Rehwild reagiert darauf im Allgemeinen besser als auf einen Pfiff. Vielleicht probieren Sie es selbst einmal aus.

In einer neueren französichen Studie überlebten von 57 markierten Kitzen 32 die ersten ca.100 Lebenstage nicht.

REHWILD UND SEINE FEINDE

Einer meiner Jagdfreunde erzählte mir vor einer Weile, dass er sich schon lange frage, wo das ganze Rehwild geblieben sei. In diesem Zusammenhang berichtete er mir von einer Ricke hinter seinem Haus, die sich ihm anfänglich noch mit zwei Kitzen präsentierte. Später führte sie nur noch eins, und auch dieses war irgendwann verschwunden. Die Ricke sei fortan nur noch allein anzutreffen gewesen, ohne dass eines der Kitze geschossen worden sei. Überhaupt, so war er sich sicher, ginge es mit dem Wild ständig bergab. Auch wenn es sich hier selbstverständlich nur um eine subjektive Einschätzung handelt, ließ er mich doch mit der Frage zurück, wo manchmal Kitze mitunter tatsächlich bleiben.

MARKIERT FÜR DIE FORSCHUNG

Durch Markierungsversuche konnte in der Vergangenheit schon einiges zur Klärung der Frage beigetragen werden, was im Laufe der Saison mit den gesetzten Kitzen passiert. In der Jägerschaft besteht zum Teil noch die Annahme, dass die getätigten Abschüsse plus gefundenes Fallwild der Summe aller Sterbefälle in einer Wildtierpopulation entspricht (SIEFKE 2014). Der Rehwildforscher CHRISTOPH STUBBE konnte dagegen nachweisen, dass der Großteil der von ihm markierten Kitze auf unbekannte Weise verschwand. Tatsächlich betrug der jagdlich genutzte Teil der Kitze nur etwa 50 Prozent.
In einer neueren französischen Studie untersuchte man den Verbleib von 57 in den ersten Lebenstagen markierten Rehkitzen. Dabei standen moderne Sender zur Verfügung, die einen etwaigen Tod der Tiere sofort anzeigten. Das Ergebnis: Nur 25 Kitze (43,9 %) überstanden die ersten etwa 100 Lebenstage überhaupt (MONESTIER et al. 2015). Alle anderen fielen Prädatoren zum Opfer oder kamen durch verschiedene menschliche Einflüsse (z. B. Mahd) ums Leben.

PRÄDATOR WOLF

In unseren Gefilden spielt seit einiger Zeit der Wolf als Prädator wieder eine Rolle. Um sich einen Eindruck vom Einfluss des Wolfes auf eine Rehwildpopulation zu verschaffen, können ernährungsökologische Untersuchungen wichtige Hinweise liefern. Studien zur Ernährung des Wolfes aus der Lausitz zeigen, dass er sich dort etwa zur Hälfte von Rehwild ernährt. Jeweils etwa 20 Prozent der Beute machen Rot- und Schwarzwild aus.

Interessant ist die Tatsache, dass sich der Anteil des Rehs im Laufe der Jahre erhöht hat. War zunächst anteilig mehr Rotwild gerissen worden, wechselte der Wolf zunehmend auf Rehwild über. Das ist darauf zurückzuführen, dass diese Wildart dort am stärksten vertreten ist. Welchen Einfluss der Wolf auf die Wildbestände in der Lausitz ausübt, wird gegenwärtig noch wissenschaftlich untersucht.

WOTSCHIKOWSKY (2010) geht davon aus, dass ein Wolfsrudel bei uns im Jahr einen Fleischbedarf von 400 Rehen hat – hinzu kommen 54 Stück Rotwild und etwa 100 Sauen. Gehen wir weiterhin von einem Streifgebiet der Wölfe von 15 000 bis 20 000 Hektar aus, dann ergibt sich ein rechnerischer Eingriff in den Rehwildbestand von 2 bis 2,5 Stück pro 100 Hektar und Jahr.

PRÄDATOR LUCHS

Mehr als der Wolf ist der Luchs ein ausgesprochener Rehspezialist. Andere Arten spielen in seiner Ernährung eine untergeordnete Rolle. In einer schwedischen Untersuchung konnte die Beeinflussung des Rehwildbestandes durch den Luchs berechnet werden. Danach lebten in einem Gebiet von 120 000 Hektar etwa 4400 Rehe (3,6 Stk./100 ha). Die acht dort lebenden Luchse erbeuteten jährlich etwa elf Prozent des Rehbestandes (ANDRÉN & LIBERG, 2015). Als Richtwert kann man davon ausgehen, dass durch einen Luchs pro Jahr etwa ein Reh pro 100 Hektar genutzt wird. Dabei ist die Gefahr für Rehe, vom Luchs erbeutet zu werden, lebensraumabhängig verschieden. HEURICH et al. (2016) konnten nachweisen, dass das Prädationsrisiko für Rehe in waldreichen Habitaten größer ist als in offenen Lebensräumen.

„Pinselohr" ist ein Spezialist: Er lebt fast nur von Rehen.

Der Fuchs zehntet Kitze stärker als meist angenommen.

PRÄDATOR FUCHS

Der Fuchs wird als Einflussgröße für den Rehwildbestand oft unterschätzt. Dabei kann seine Bedeutung besonders bei frisch gesetzten Kitzen merklich sein. Eine interessante Beobachtung konnte ich wiederholt bei meinen Fuchsstudien machen. So folgte eine besenderte Fähe im Mai einer hoch beschlagenen Ricke über einen Zeitraum von mehr als einer halben Stunde. Leider konnte ich den Ausgang dieser Geschichte nicht miterleben, dennoch blieb bei mir der Eindruck zurück, dass die Fähe es auf das Kitz abgesehen hatte.

Tatsächlich konnte in einer norwegischen Studie der Fuchs in 14 Prozent der Fälle für den Verlust von Kitzen verantwortlich gemacht werden. In einer französischen Analyse waren Verluste in gleicher Größenordnung auf den Fuchs zurückzuführen. Bemerkenswert war die Tatsache, dass dort zwei Kitze durch den Dachs getötet wurden. JARNEMO & LIBERG (2005) konnten in Mittelschweden in einem 14-jährigen Versuchszeitraum nachweisen, dass die Überlebensrate von Rehkitzen vom Fuchs abhängt und dieser sogar die Entwicklung eines Bestands beeinflussen kann. So brachten die Forscher den dortigen Rehwildanstieg der 1970er- und 1980er-Jahre in hohem Maße mit den geringen Fuchsdichten in Zusammenhang.

SONSTIGE STERBLICHKEITSGRÖSSEN

FAKTOR WETTER

Da Rehe eine vergleichsweise geringe Lebensdauer haben, wird das Gros der Stücke einer Population durch wenige Generationen gestellt. Kommt es witterungsbedingt zu Verlusten in der neuen Generation, kann dies entsprechende Konsequenzen für den Gesamtbestand bedeuten. So führen ein kalter und verregneter Mai oder ein harter Winter nicht selten zu erhöhter nachgeburtlicher Mortalität. Rehe haben gute Anpassungsmechanismen entwickelt, um die entbehrungsreiche kalte Jahreszeit schadlos zu überstehen. Erfahrungsgemäß sollten Kitze mit einem Gewicht von mindestens 12,5 Kilogramm in den Winter gehen. Unter diesem Wert verringert sich die Überlebenswahrscheinlichkeit ansonsten erheblich.

FAKTOR RICKE

Die Ricke beeinflusst nach heutigem Wissen die Überlebenswahrscheinlichkeit ihrer Kitze erheblich. Dies hat zunächst körperliche Gründe. Dabei gilt folgende Grundregel: Eine Ricke mit hohem Gewicht setzt meist ein stärkeres Kitz, das dadurch von vornherein höhere Überlebenschancen hat. Oft beeinflusst das Geburtsgewicht konditionell das gesamte spätere Leben. Starke Kitze bleiben in der Regel ein Leben lang starke Rehe und umgekehrt.
Folgt ein harter Winter, haben Kitze von starken Ricken deutlich höhere Überlebenschancen als solche von schwächeren Mütter. Auch in puncto Feindvermeidung haben es Kitze mit gut konditionierten Müttern einfacher, da Letztere ihre Kitze erfolgreicher verteidigen können. Zudem besetzen solche Ricken günstigere Reviere, was eine bessere Entwicklung der Kitze zur Folge hat. Die Begünstigung von Kitzen starker Ricken wird in der Biologie als so genannter „Silver-spoon-Effekt" bezeichnet.

WEITERE RISIKOFAKTOREN

Neben den genannten Gefahren für unsere Rehwildbestände sind örtlich verschiedene weitere Risikofaktoren von Bedeutung. So ist der Einfluss wildernder Hunde an manchen Orten teilweise erheblich. Dies kann z. B. im Umfeld von Ballungsgebieten dazu führen, dass als Folge freilaufender Hunde Rehwild in manchen Bereichen vollständig verschwindet.
Außerdem sind Mortalitätsursachen, die unmittelbar auf den Menschen zurückgehen, Verluste durch Ausmähen und Verkehrsunfälle mit Rehwildbeteiligung. Diese Ursachen treten nach einer neueren Studie in der Größenordnung von immerhin zwölf Prozent der Gesamtsterblichkeit auf (MONESTIER et al. 2015).
Neben dem Menschen und Prädatoren können es auch andere Wildwiederkäuer dem Reh schwer machen. Wie groß der Einfluss vom Rot- und Damwild im Einzelnen ist, muss individuell überprüft werden. FOCARDI und Mitarbeiter (2006) stellten jedoch im Mittelmeerraum fest, dass die

Über zehn Prozent der Rehwild-Gesamtsterblichkeit entfallen auf menschgemachte Verluste durch Verkehr und Ausmähen.

KONKURRENTEN ROT- UND DAMWILD

Hohe Rotwilddichten haben nachweislich einen negativen Einfluss auf Rehe. Dies ist im Wesentlichen auf eine eingeschränkte Nahrungsverfügbarkeit für das Rehwild zurückzuführen (BORKOWSKI et al. 2021). Aber auch zwischenartlicher Stress wirkt sich auf das Reh aus. Gleiches trifft für Damwildreviere zu. In rot- und damwildreichen Arealen bleiben die Rehdichten üblicherweise deutlich geringer als ohne diese beiden Konkurrenzarten.

Anwesenheit von Damwild und die daraus entstehende interspezifische Konkurrenz eine Gefährdung für das Reh darstellte.
In der Konsequenz wurde dort eine Verringerung des Damwildbestands vorgeschlagen. Vom Schwarzwild geht für das Rehwild nach KEULING (2007) ein geringer Beutegreiferdruck aus. Kommt es jedoch zu besonders hohen Schwarzwilddichten, ist für Kitze die Gefahr deutlich erhöht, von Sauen gefunden und gefressen zu werden. Darüber hinaus kommt es bei hohen Schwarzwildvorkommen auch zu einem Meideverhalten. Rehe ziehen sich dann aktiv aus schwarzwildreichen Bereichen zurück.

EINFLUSSMÖGLICHKEITEN DURCH JÄGERINNEN UND JÄGER

Sehr ungünstig für das Reh ist hoher innerartlicher Druck. Dieser führt zu einer hohen Stressbelastung. Des Weiteren hat der Lebensraum einen hohen Stellenwert für die Lebensbedingungen und letztlich auch das Überleben von Rehen. Verfügt er über ein hohes und abwechslungsreiches Äsungspotenzial und ist er gut strukturiert, ist dies die beste Voraussetzung für hohe Dichten und eine entsprechend erfolgreiche Reproduktion des Rehwilds.

Äsungsflächen schaffen – eine Möglichkeit für Jägerinnen und Jäger, die Bedingungen für das Rehwild zu verbessern

ÄSUNG UND DECKUNG

In ihrer Studie von 2009 konnten MELIS et al. nachweisen, dass der Parameter Lebensraum den größten Einfluss auf den Rehbestand hat, noch vor allen anderen Variablen. GÄRTNER (2015) macht in seiner Analyse darauf aufmerksam, dass Grenzlinien zwischen Lebensräumen besonders attraktive Rehhabitate darstellen. Rehwildreviere sind dort besonders potent und lassen zumindest biologisch hohe Dichten zu, wo es besonders viele dieser Strukturen gibt. Und genau an dieser Stelle ergeben sich für den Jäger Ansatzpunkte. Die Schaffung rehwildfreundlicher Äsungs- und Deckungsflächen kann die Qualität eines Reviers deutlich erhöhen. Diese Flächen entlasten damit auch systematisch andere Bereiche, auf denen der Verbiss nicht toleriert werden kann.

RUHE IM REVIER

Darüber hinaus stellt Ruhe im Revier eine ebenfalls durch den Jäger zumindest teilweise beeinflussbare Größe dar. Denn je größer die grundsätzliche Beunruhigung in einem Revier ist, desto unsichtbarer wird Rehwild. Dies betrifft sowohl die Intensität der Jagd als auch die Lenkung von Erholungsuchenden. Hunde sind dabei als besonders kritisch einzuschätzen.

WENIGER IST MANCHMAL MEHR

Geht es Rehen gut, legen sie auch im Wildbret zu. Der Faktor Dichte ist dabei sehr entscheidend. STUBBE (2008) konnte zeigen, dass eine Absenkung der Dichte von 25 auf 8 St./100 ha eine Erhöhung der Körpermasse bei Kitzen von 32,8 % zur Folge hatte. Jährlinge steigerten ihr Gewicht um 82,7 %.

JAGD & MANAGEMENT

Im Frühjahr liegt das erste Aktivitätshoch unseres Rehwildes. So gut wie jetzt ist es im übrigen Jahr kaum zu beobachten. Gut beraten sind Jägerinnen und Jäger, diese Tatsache durch intensive Jagd gleich zu Beginn der Schusszeit auf Böcke und Schmalrehe nutzen.

REHWILDAKTIVITÄT UND JAGD

Jagd soll sich grundsätzlich an der Aktivitätskurve des Rehwildes ausrichten. In verschiedenen Untersuchungen konnte gezeigt werden, dass diese insbesondere im Frühjahr stark ansteigt.

ERHÖHTE BEOBACHTBARKEIT

SANDFORT (2019) analysierte die Sichtbarkeit des Rehs systematisch, indem er Wildkameras für die Dauer eines Jahres an verschiedenen Plätzen seines Untersuchungsgebietes ausbrachte. Durch Zeitrafferaufnahmen konnte er nun feststellen, wie sich die Beobachtbarkeit des Rehwildes unter Revierbedingungen darstellte. Dabei fand er heraus, dass der Monat April offenbar sehr gute Beobachtungsmöglichkeiten eröffnet. Eine vergleichbare Sichtbarkeit wurde zu keinem anderen Monat des Jahres erreicht (s. Abb. u.). Neben der hohen Aktivität der Rehe begünstigt auch die noch nicht voll entwickelte Vegetation zu diesem Zeitpunkt die sehr gute Beobachtbarkeit des Wildes. Dies sind gute Argumente für eine Bejagung im Frühjahr. Optimal darauf vor-

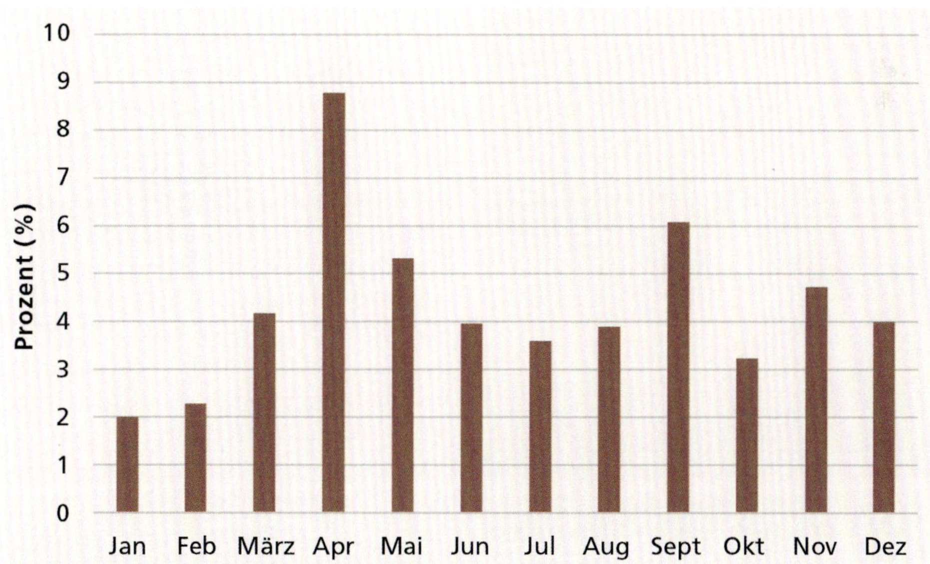

Sichtbarkeit des Rehwildes im Jahresverlauf in % der aufgezeichneten Zeit (SANDFORT 2020)

bereitet ist, wer die jagdarme Zeit im Februar und März für Besuche auf dem Schießplatz genutzt hat.
Residente Böcke markieren ihre Reviere übrigens ausgesprochen regelmäßig. Diese Plätze sind im Revier sehr gut zu identifizieren. Wer dort Wildkameras aufstellt, bekommt Aufschluss darüber, welche Böcke vorhanden sind.
Die Frühjahrsaktivität auszunutzen, impliziert natürlich, mit dem Abschuss nicht bis zum Verfärben des Rehwilds abzuwarten. Letzteres ist nicht sinnvoll und sollte längst der Vergangenheit angehören. Eine zügige Reduktion im Frühjahr ermöglicht es, später entsprechende jagdfreie Phasen zu schaffen. Diese sind fürs Reh wichtig.

SCHMALREHE UND JÄHRLINGE

Auch das Ansprechen des weiblichen Rehwilds gelingt im Frühjahr gut, da die körperlichen Unterschiede zwischen Schmalreh und Ricke in dieser Phase so groß sind, dass sie problemlos und zuverlässig erkannt und zugeordnet werden können. Die Jagd auf Schmalrehe sollte spätestens Ende Mai beendet sein. Ab diesem Zeitpunkt ist die Unterscheidbarkeit zur Ricke so schwierig, dass die Fehlerwahrscheinlichkeit stark steigt.
Bei den Böcken gilt es im Frühjahr, vor allem die Jährlinge zu entnehmen. Diese sind nun allein, manchmal aber auch in kleineren Gruppen anzutreffen. Aufgrund ihrer Unerfahrenheit und der Angst vor den residenten Böcken zeigen sie eine erhöhte Mobilität. Ihre Unerfahrenheit kann man jetzt gut ausnutzen. Aus meinen eigenen Jagdaufzeichnungen geht hervor, dass ich über die Hälfte meiner Böcke allein im Mai geschossen habe.

Schmalreh und Jährling, im Frühjahr erlegt. Bis Ende Mai sind Schmalrehe noch leicht anzusprechen.

TIPP
Beobachten sie im Frühjahr kleine Sprünge aus zwei bis vier Rehen, handelt es sich meist um Zusammenschlüsse einjähriger Stücke.

WIND UND WETTER

Bei der Jagd im Frühjahr müssen einige Dinge grundsätzlich beachtet werden. So können ungünstige Wetterbedingungen den Jagderfolg reduzieren. Kaltes und windiges Wetter reduziert die Aktivität und damit auch den Jagderfolg. Selbstverständlich muss man sich bei der Wahl des Standes über die örtlichen Windbedingungen klar werden. Jagd-Apps können eine gute Möglichkeit sein, um sich vorab einen Eindruck von der Situation zu verschaffen. Dies ersetzt jedoch nicht, vor Ort noch einmal die vorherrschenden Windbedingungen zu überprüfen. Beachten Sie z. B., dass der Wind über Waldkanten kippen kann. Ansitzeinrichtungen, die auf dem Feld stehen, sind deshalb immer günstiger als jene, die an der Waldkante positioniert sind.

ANSITZEINRICHTUNGEN

Unsere Landschaften sind sehr dynamisch. Installieren Sie feste Kanzeln deshalb dort, wo sie auch für viele Jahre stehen können.

Hochsitzstandorte müssen sorgfältig ausgewählt werden. Leichte und störungsarme Erreichbarkeit ist nur ein Kriterium.

Arbeiten Sie in Bereichen, in denen nur kurzfristig gejagt werden kann, mit mobilen Einrichtungen.
Die Positionierung der Hochsitze ist ein weiterer wichtiger Erfolgsgarant. Beachten Sie dabei die Hauptwindrichtung und stellen Sie die Sitze so, dass sie auch möglichst häufig genutzt werden können – in unseren Breiten kommt der Wind hauptsächlich aus westlicher Richtung.
Stellen Sie sicher, dass ein Sitz so leise wie möglich erreicht werden kann, damit kein nahebei stehendes Wild vertreten wird. Leuchten Sie außerdem auf dem Weg zum Hochstand dessen Umgebung mit dem Wärmebildgerät ab. Kommt man mit ziemlicher Sicherheit nicht unbemerkt auf den Sitz, entscheidet man sich besser für einen anderen Ansitzort.
Nicht nur aus Bequemlichkeitsgründen müssen Sitze eine gewisse Mindestgröße aufweisen: Eine stabile Sitzposition beim Schuss trägt entscheidend zu einem sauberen Treffer bei. Sind Möglichkeiten geschaffen, beide Ellenbogen abzustützen, ist ein ein absolut präziser und sofort tödlicher Schuss viel besser möglich als mit „freischwebenden" Armen.

TIPP
Wollen Sie den Sitz verlassen und steht noch Rehwild in der Nähe, machen Sie sich durch Schrecken bemerkbar. In der Regel verlassen die Stücke dann die Fläche. Einfach so abzubaumen, würde bedeuten, dass das Wild die Ansitzeinrichtung mit dem Menschen verknüpft. Dies muss vermieden werden.

Wie hoch ist der Rehbestand? Ganz ohne Kenntnisse darüber ist dessen jadliche Bewirtschaftung kaum möglich.

DER WILDBESTAND – DIE UNBEKANNTE

In den 1980er-Jahren wurde durch Lutz Briedermann ein Buch herausgegeben, das sich dem Thema Wildbestandsermittlung widmete. Trefflich nannte es der Wildbiologe: „Der Wildbestand – die große Unbekannte“. Bis heute hat dieses Thema kaum an Aktualität eingebüßt. Im Gegenteil, die Diskussionen um Wildbestände scheinen gegenwärtig so kontrovers zu sein wie nie zuvor.

Die gezielte Lenkung eines Rehbestandes ist ohne Kenntnisse über ihn nur schwer realisierbar. Oft höre ich von Jägern, dass sie ihre Rehe sehr genau kennen würden und es diesbezüglich keiner genaueren Daten bedarf. Wie trügerisch es sein kann, sich dabei allein auf sein Gefühl zu verlassen, zeigt folgendes Beispiel: Auf dem Züricher Flughafen sollte der dortige Rehwildbestand aus Gründen der Flugsicherheit komplett entfernt werden. Der zuständige Wildhüter schätzte den Bestand vor Beginn des Totalabschusses auf 42 Tiere. Schnell war diese Zahl an Rehen erlegt. Es waren aber immer noch reichlich Rehe vorhanden. Es wurde weitergejagt, und nachdem alle Stücke geschossen worden waren, lagen insgesamt 215 Rehe! Dieses Beispiel verdeutlicht nicht nur, wie sehr man sich mit seinem „gefühlten Wissen“ verschätzen kann, sondern auch die Probleme und Notwendigkeit einer profunden Bestandsermittlung. Denn einen Bestand, der 215 Stücke umfasst, muss man offenkundig anders bejagen als einen, der nur 42 Stücke aufweist.

STRECKENRÜCKRECHNUNG

Grundsätzlich gibt es verschiedene Ansätze, um Populationsdichten zu ermitteln. Neben direkten und indirekten Methoden besteht auch die Möglichkeit der mathematisch-statistischen Herleitung. Bis heute spielt die Streckenrückrechnung bei der Bestandserfassung zumindest theoretisch eine Rolle. Ihr großer Vorteil: Sie kann ohne größeren Aufwand angewendet werden.
Der Berechnung wird zugrunde gelegt, dass bei konstanten Strecken über einen mehrjährigen Zeitraum der Nachwuchs einer Population abgeschöpft wird. Dabei wird von einem idealisierten Geschlechterverhältnis von 1:1 und einer konstanten Zuwachsrate ausgegangen. Beim Reh sollte der Bestand unter diesen Voraussetzungen etwa dem Doppelten der Jahresstrecke entsprechen.

Dieses Verfahren kann jedoch nur dann zuverlässige Ergebnisse liefern, wenn die in die Berechnung eingehenden Parameter auch zutreffen. Dies ist jedoch aufgrund

ENTWICKLUNGSINDIKATOR JAGDSTRECKEN

Jagdstrecken allein geben nur eingeschränkte Hinweise auf den Bestand. Bei großräumigen Flächenbezügen lassen sie zumindest gewisse Schlüsse auf die Wildbestandsentwicklung zu. In Deutschland hat sich die Strecke seit Anfang der 1970er Jahre verdoppelt. Eine gleiche Tendenz lässt sich für alle mitteleuropäischen Länder dokumentieren.

stark veränderlicher und teilweise nur schwer bestimmbarer Ausgangsvariablen kaum zu gewährleisten. Wird zufällig viel erlegt, errechnet sich ein hoher Bestand und umgekehrt. Dies muss jedoch nicht den tatsächlichen Verhältnissen im lebenden Bestand entsprechen. Überdies lassen Erfahrungen mit Streckenauswertungen nicht unberechtigte Zweifel über die Richtigkeit von Abschussmeldungen aufkommen. Eine Bestandsrückrechnung muss allein deshalb zu einem völlig falschen Ergebnis kommen. Voraussetzung wäre demnach der körperliche Nachweis jeden erlegten Stücks. Dies ist für die Praxis jedoch kaum umsetzbar.

Eine weitere Schwierigkeit besteht darin, dass die Streckenrückrechnung nur den Mortalitätsfaktor Jagd widerspiegelt. Diese verursacht aber nur etwa 50 Prozent des Wildabgangs (SIEFKE & STUBBE 2012). Fehlerhafte Berechnungen sind die Folge.

BEOBACHTEN UND ZÄHLEN

Zähltreiben und Sichtbeobachtung gehören zu den direkten Methoden der Populationsdichteerfassung. Bei Sichtbeobachtungen werden an einem oder mehreren festgelegten Tagen Ansitzeinrichtungen abgesetzt und das in Anblick kommende Wild gezählt. Beim Zähltreiben wird das Wild zusätzlich beunruhigt. Die gezählten Stücke stellen dann den Mindestbestand dar.

Je nach Bedingungen wird die Zahl der erfassten Tiere zum Teil erheblichen Schwankungen unterliegen. Lebensraumabhängig kommt überhaupt nur maximal die Hälfte des Bestands in Anblick, sodass die sich daraus ergebende Unsicherheit dieses Verfahrens groß ist. Auch bei größtem Aufwand lassen sich unter günstigen Bedingungen allenfalls Tendenzen der Wildbestandsentwicklung aufzeigen. Die Populationsdichte lässt sich mit beiden Verfahren nicht erheben.

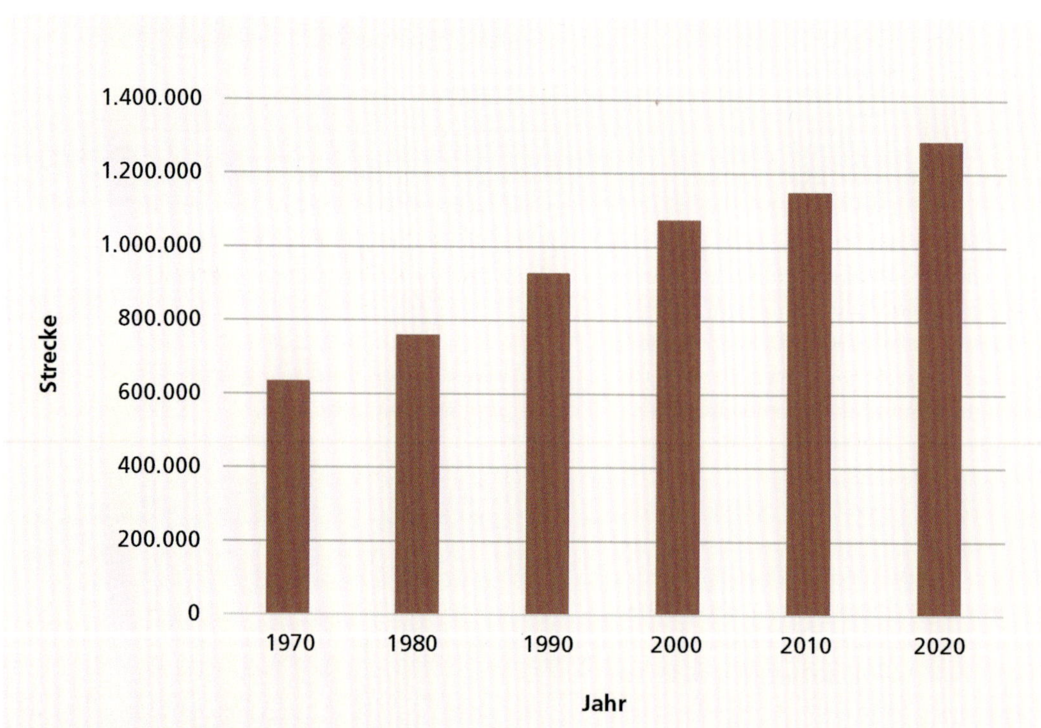

Rehwildstrecke 1970 bis 2020 in Deutschland

Der Versuch, Rehe einfach zu zählen, bringt in aller Regel keine halbwegs brauchbaren Ergebnisse.

Bessere Einblicke werden durch den Einsatz von Drohnen erzielt. Diese Methode wurde in der jüngeren Vergangenheit gezielt weiterentwickelt und verspricht für die Zukunft brauchbare Ergebnisse.

INDIVIDUELLE ERKENNUNG

Bei Cerviden lassen sich männliche Tiere anhand ihres Geweihs wiedererkennen. Mithilfe von Fotofallen kann auf großer Fläche also nur die Zahl der Geweihträger identifiziert werden. Dabei ist jedoch nur ein Mindestbestand ermittelbar. Neben einer gewissen Dunkelziffer übersehener Böcke (oder ggf. Hirsche) kann der Bestand an weiblichen Rehen (oder der Kahlwildbestand) nicht individuell, sondern nur im Verhältnis zu den Geweihträgern eingeschätzt werden. Nach den Untersuchungsergebnissen von KLAWITTER (2014) und LUNZE (2014) lassen sich dennoch zumindest für Rot- und Damwild brauchbare Resultate erzielen. Horntragende Muffelwildbestände waren mit dieser Methode aufgrund der kaum unterscheidbaren Widder nicht bestimmbar.

FANG – MARKIERUNG – WIEDERFANG

Altbewährt ist die sogenannte Rückfangmethode, die bereits vor über 100 Jahren entwickelt worden ist (s. Kasten). Die Grundidee wurde in neueren Methoden abgewandelt, verfolgt jedoch das gleiche Prinzip. Auf der Halbinsel Jasmund wurde dieses Verfahren auf der Grundlage von Kälbermarkierungen angewendet. Zwischen 2011 und 2013 wurden dazu 65 Damkälber gefangen und mit Ohrmarken versehen. Mithilfe von Fotofallenbildern wurde ermittelt, dass die markierten Kälber jeweils etwa zehn Prozent der jährlichen Kälbergeneration ausmachten. Nun war es möglich, auf den gesamten Kälberbestand hochzurechnen (STIER et al. 2014). Mithilfe der Altersklassen und des Geschlechterverhältnisses konnte dann der Gesamtbestand errechnet werden.

DIE WIEDERFANGMETHODE

Tiere einer Population werden gefangen und individuell markiert. Nach einer gewissen Zeit werden im selben Gebiet unter den gleichen Bedingungen erneut Tiere gefangen. Aus dem Verhältnis der markierten wiedergefangenen zu den unmarkierten Tieren kann auf den Gesamtbestand geschlossen werden. Verdeutlichen wir dies an einem theoretischen Beispiel:
1. Fangaktion: 100 Tiere werden gefangen und markiert.
2. Fangaktion: 100 Tiere werden gefangen, davon sind 50 markiert.
Diese Größen werden nun ins Verhältnis zum Gesamtbestand (x) gesetzt: x/100=100/50 => x=200. Der Überlegung nach wurden beim ersten Fang 50 Prozent der Gesamttierzahl erfasst. Diese beträgt rechnerisch demnach 200 Tiere.
Bedingung für die Tauglichkeit der Wiederfangmethode ist, dass keine neuen Individuen zwischen den Fangaktionen hinzukommen oder verloren gehen. Zudem muss gewährleistet sein, dass alle Tiere die gleiche Wahrscheinlichkeit haben, gefangen zu werden. Letzteres kann für unsere Wildarten nicht angenommen werden. Insbesondere dann nicht, wenn sie zuvor schon einmal gefangen wurden. Aus diesem Grund wurde die Methode modifiziert (z. B. Kälbermarkierung, Kotgenotypisierung).

Klassische Scheinwerferzählung

KOTGENOTYPISIERUNG

Wildbestände mithilfe von Losung zu zählen ist altbekannt und gehört zu den indirekten Methoden der Ermittlung. GRÄBER et al. (2015) verschnitten bei ihrer Erfassung die Losungszählung mit dem Wiederfangprinzip. Der große Vorteil dieser Modifizierung liegt darin, dass gar kein Tier gefangen werden muss.
Zunächst suchte man dazu auf festgelegten Routen eines Untersuchungsgebietes nach Losungshaufen. Diese wurden dann im Labor auf Darmepithelzellen untersucht und die DNS der Tiere isoliert („genetischer Fingerabdruck"). Jedes genetisch identifizierte Tier entsprach damit sozusagen einem gefangenen Individuum. Die doppelt (oder mehrfach) identifizierten Stücke wurden dann ins Verhältnis zu denjenigen gesetzt, die nur einmal gefunden wurden, um damit auf den Bestand zu schlussfolgern. Berechnungen zufolge konnten 75 Prozent des Bestandes genetisch erfasst werden. Der hohe personelle und labortechnische Aufwand dieses Verfahrens hat jedoch seinen Preis: Je nach Genauigkeit fallen etwa fünf Euro je Hektar Untersuchungsfläche an.

SCHEINWERFERTAXATION

Bei der altbekannten Scheinwerfertaxation werden zuvor festgelegte Transsekte mit dem Auto abgefahren und unter Einsatz eines Scheinwerfers alle Individuen der zu erfassenden Art gezählt. Dann wird die Summe der gezählten Tiere ins Verhältnis zur abgespürten Fläche gesetzt und auf die Gesamtfläche hochgerechnet.
In der Weiterentwicklung dieses Verfahrens werden seit einiger Zeit statt Scheinwerfern teilweise Wärmebildkameras eingesetzt. Diese Vorgehensweise ist für das Wild weniger störend. Zudem sind die Tiere leichter zu entdecken, was zu besseren Ergebnissen führt. Der monetäre Aufwand beziffert sich auf etwa einen Euro pro Hektar Untersuchungsfläche.

INDIKATOR REHWILDSPRÜNGE

Rehwildsprünge im Wald liefern im Winter indirekte Hinweise auf den Wildbestand. Grundsätzlich bestehen Primärsprünge aus zwei bis vier Stücken. Die Bildung von sogenannten Sekundärsprüngen, bestehend aus fünf bis sieben Stücken, ist ein Indiz für zu hohe Wildbestände.

FAZIT: REHE KANN MAN ZÄHLEN

Eine möglichst genaue Beurteilung der Wildbestandssituation ist für ein funktionierendes Wildtiermanagement unerlässlich. Gegenwärtig zur Verfügung stehende Methoden der Bestandsermittlung sind vielfältig und unterscheiden sich in ihrer Präzision und Praxistauglichkeit: Streckenrückrechnungen sind aufgrund zahlreicher Unzulänglichkeiten als fehlerhaft und ungeeignet anzusehen. Wildzählungen können unter bestimmten Umständen Tendenzen der Populationsentwicklung aufzeigen. Neue Methoden wie z. B. die Kotgenotypisierung oder Wärmebildtaxation führen zu guten Ergebnissen. Dabei müssen bestimmte Mindestgrößen für die Untersuchungsflächen eingehalten werden, sodass die meisten Methoden nicht für den Einzeljäger anwendbar sind. Hegegemeinschaften sind demnach prädestiniert, derartige Vorhaben zu koordinieren und durchzuführen. Verlässliche Zahlen lassen sich jedoch nur mit einem gewissen finanziellen und personellen Aufwand gewinnen. Fest steht jedoch: Wildbestände sind zählbar.

KITZRETTUNG AUS DER LUFT

Das Frühjahr ist die Zeit der Kitze. Ab März kommen sie zur Welt. Von nun an sind sie nicht nur ihren natürlichen Prädatoren ausgesetzt: Eine der größten Bedrohungen für sie stellt die Mahd der Wiesen dar. Über Jahrtausende hinweg haben Kitze eine wirkungsvolle Strategie entwickelt, um sich vor Fressfeinden zu schützen: Sie verfallen in eine regungslose Starre. Gegenüber den „neuen Feinden" ist diese Taktik allerdings nicht nur wirkungslos, sondern auch fatal. Kitze ducken sich in etwa bis zur dritten Lebenswoche, und genau dieses Verhalten wird ihnen bei der Mahd zum Verhängnis.

Schätzungen zufolge fallen in Deutschland bis zu 100 000 Kitze jährlich dem Mähwerk zum Opfer.

TIPP
Steht ein Mahdtermin für eine Wiese an, setzen Sie dort den Kitzfiep ein. Kommt eine Ricke daraufhin gesprungen, liegt ziemlich sicher in der Fläche ein Kitz.

Es wird geschätzt, dass allein in Deutschland bis zu 100 000 Kitze, d. h. bis zu 15 % der neuen Generation, dabei getötet werden.

DROHNEN MIT WÄRMEBILD-KAMERA

Viele Kitze könnten künftig vor dem Vermähen gerettet werden. Praktisch überall haben sich in der jüngeren Vergangenheit Teams gebildet, die sich dieser Aufgabe mithilfe von Wärmebilddrohnen verschrieben haben. Eine gut funktionierende Informationskette stellt sicher, dass am Morgen der Mahd ein schlagkräftiges Team vor Ort sein kann, um die betroffene Fläche abzusuchen. Die Suchkräfte müssen dabei im Wesentlichen zwei Herausforderungen meistern: direkte Sonneneinstrahlung und Temperatur. Beide Faktoren führen dazu, dass es zu Problemen bei der Wahrnehmung der Kitze durch die Wärmebildkameras kommt.

Die Detektion der Kitze ist dann erleichtert, wenn der Temperaturgradient zwischen den Kitzen und ihrer Umgebung am größten ist. Aus diesem Grund beginnt die Suche etwa eine Stunde vor Sonnenaufgang. Die Flughöhe der Drohne liegt bei 60 bis 80 Metern. Sie erfasst eine Streifenbreite von 40 Metern. Bei einem Sichtwinkel von etwa 45 Grad und einer Fluggeschwindigkeit von 18 Stundenkilometern kann ein 80 Hektar großes Feld in etwa zwei Stunden beflogen werden. Es handelt sich dabei um die reine Flugzeit, denn je nachdem, wie viele Kitze gerettet werden müssen, verlängert sich die Zeit entsprechend. Die Flugrouten werden von einem Computerprogramm errechnet. Auf diese Weise wird sichergestellt, dass die Fläche in Gänze erfasst und kein Kitz übersehen wird.

AUCH LANDWIRTE PROFITIEREN

Wenn Kitze während der Mahd getötet werden, ist dies nicht nur aus Tierschutzgründen ein Problem, sondern auch für den Landwirt selbst sehr belastend. Da die Traktoren in der Regel mit einer Geschwindigkeit von etwa 15 Stundenkilometern fahren, haben die Landwirte kaum eine Chance auszuweichen.

Mit dem Einsatz von Wärmebild-Drohnen werden seit einigen Jahren beeindruckende Erfolge bei der Kitzrettung erzielt.

Kitzrettung aus der Luft erfordert engagierte Teams und eine exakte Koordination aller Akteure.

Das Sichern detektierter Kitze erfolgt möglichst ohne Geruchsübertragung.

Aus Gesprächen mit ihnen wird deutlich, dass sie dankbar für die Möglichkeit der Kitzrettung sind, da vermähte Kitze auch aus wirtschaftlichen Gründen problematisch sind. Das Mähgut wird durch den Kadaver stark verunreinigt. Dies zu vermeiden, stellt einen weiteren Anreiz für Landwirte dar, sich an Kitzrettungsaktionen zu beteiligen.

WORAUF ES ANKOMMT

Kommunikation mit den Akteuren vor Ort ist ein zentraler Erfolgsfaktor der Kitzrettung. Die Aufgabe des Jägers besteht dabei auch darin, den Kontakt zwischen Landwirten und den Kitzrettungsteams herzustellen. Denn nur die rechtzeitige Planung und Abstimmung zwischen allen Beteiligten stellt sicher, dass zum Zeitpunkt der Mahd auch alle Flächen abgesucht werden können. Sehr wichtig ist in diesem Zusammenhang, dass Kitzrettung und die Mahd unmittelbar im Zusammenhang stattfinden. Die Kitzsuche sollte so früh wie möglich am Tag beginnen. Werden Kitze mit der Wärmebilddrohne detektiert, stellt man sie anschließend „in Handarbeit“ sicher. Das muss möglichst geruchsfrei geschehen: Grasbüschel eignen sich sehr gut, um den menschlichen Geruch beim Kontakt möglichst nicht auf das Kitz zu übertragen. Es ist ratsam, zusätzlich noch Einweghandschuhe zu tragen.

Die Kitze werden einzeln in festen Kisten an den Rand der Fläche – in der Regel die nächste Waldfläche – verbracht. Erst wenn die Wiese vollständig gemäht wurde, befreit man sie wieder und bringt sie exakt an ihren ursprünglichen Fundort zurück. Die Kitze sollten dabei nicht länger als drei bis vier Stunden in den Kisten verbringen, um sicherzustellen, dass sie schnell wieder durch ihre Mütter versorgt werden können.

NICHT NUR KITZE

Mit Wärmebilddrohnen können nicht nur Kitze gerettet werden. Auch Bodenbrüter und Junghasen entgehen den sensiblen Wärmebilddetektoren nicht. Selbstverständlich werden auch diese Arten vor der Mahd gerettet, wenn sie entdeckt werden.

Ausgesteckte Wiese. Wird zusätzlich mit geruchlicher Vergrämung gearbeitet, erhöht das die Wirkung.

INFORMATIONSQUELLE DROHNENFLÜGE

Neben dem Vermeiden von Tierleid kann der Jäger über den Drohneneinsatz auch an wichtige Informationen zum Rehbestand gelangen. So können durch die Markierung gefundener Kitze mit Ohrmarken (Rechtslage im Bundesland beachten!) aufschlussreiche Daten zu Alter und Abwanderungsdistanzen gesammelt werden. Des Weiteren können die Rehindividuen anhand der Markierung auch zu Lebzeiten wiedererkannt werden. Der Jäger erhält damit interessante Einblicke in die Lebensgeschichte dieser Stücke.

ANDERE KITZRETTUNGS-METHODEN

WIESEN AUSSTECKEN

Wenn kein Kitzrettungsteam zur Verfügung steht, ist das Aufhängen von Fahnen, Lappen oder Plastiktüten am Vortag der Mahd bis heute eine probate Methode, Ricken dazu zu veranlassen, ihre Kitze von der betreffenden Fläche zu bringen. Wichtig ist, dabei nach Möglichkeit alle Sinne der Ricken zu reizen. Die aufgehängten Gegenstände sollten also nicht nur optisch wirken. Durch ihr Besprühen mit Vergrämungsmitteln kann ein zusätzlicher geruchlicher Reiz gesetzt werden. Das Anbringen von Silberpapierstreifen, die im Wind Geräusche machen, verstärkt den Effekt zusätzlich. Pro Hektar sollte mindestens ein Element installiert werden.

SCHALLKANONE

Eine alternative Methode zur Kitzrettung besteht in der Verwendung akustischer Geräte, die auf den Mähwerken angebracht werden. Sie geben ein permanentes durchdringendes Warnsignal ab. Zumindest die Kitze, die bereits mobil sind – das ist ab einem Alter von vier Wochen der Fall –, werden durch das Signal zur Flucht veranlasst.

ABSCHUSSPLANUNG

In einigen Bundesländern existieren seit einigen Jahren keine behördlichen Abschusspläne mehr für das Rehwild.
Die sich damit verbindenden Sorgen haben sich als unbegründet herausgestellt. Denn weder ist das Reh aus der Landschaft verschwunden, noch ist es zahlenmäßig zu stark herangehegt worden. Zieht man die schieren Abschusszahlen zur Analyse heran, hat sich diesbezüglich im Grunde nicht viel verändert. Die Strecke ist in den Bezugsräumen, abgesehen von gewissen jährlichen Schwankungen, auf annähernd gleichem Niveau geblieben. Auch wenn es bei dieser Art keines Abschussplanes bedarf, darf dies jedoch nicht zu der Annahme verleiten, sie gänzlich planlos bejagen zu können.

DER LEBENDE BESTAND

Grundsätzlich lässt sich sagen, dass eine Streckenzusammensetzung in hohem Maße die Situation im lebenden Bestand abbildet. In der Regel kann dessen Zustand mit der Drittelregelung annähernd beurteilt werden. Danach setzt sich der Rehwildbestand zu je einem Drittel aus Kitzen, Ricken und Böcken zusammen.
Allerdings kann es in Beständen zu Verschiebungen kommen. Dies betrifft vor allem die weiblichen Stücke, die nicht selten einen zu hohen Anteil haben. Durch die Einhaltung von Regeln können gewisse Korrekturen gelingen. Die einfache und bekannte Formel heißt deshalb: weiblich vor männlich und jung vor alt. Natürlich soll dabei stets der Zahlabschuss im Vordergrund stehen. Es ist in diesem Zusammenhang jedoch keineswegs verwerflich, dabei den einen oder anderen Bock alt werden zu lassen.

STRECKENDOKUMENTATION UND BESTANDESGESUNDHEIT

Der zweite Teil einer planvollen Jagd besteht aus einer gewissenhaften Dokumentation

AUFSCHLUSSREICHE REHKITZ-MARKIERUNG

— Das systematische Markieren von Rehen hat in den letzten Jahrzehnten viele Einblicke in die Biologie der Art geliefert. So wurden in einem Projekt in Baden-Württemberg allein etwa 16 000 Kitze markiert und ihre Lebensläufe verfolgt. Ergebnisse des Projektes:
— Setztermine: frühester 10. März, spätester 11. August, im Mittel 21. Mai
— Ältestes Stück: 14 Jahre
— Häufigste Todesursache: Jagd (ca. zwei Drittel)
— Abwanderungsdistanz: 77 % bis 1,5 km, maximale 50 km

In vielen Bundesländern werden für Rehwild seit einigen Jahren keine Abschusspläne mehr erstellt.

Hohe Rehwildkörpergewichte sind ein „Indiz", dass sich die Wildart wohlfühlt, und sollten das Ziel jeden Jägers sein.

der Strecke. Denn daraus leitet sich maßgeblich ab, wie der Plan für die kommende Zeit auszurichten ist. Machen Sie es sich dabei zum zentralen Ziel, einen gesunden Rehbestand herzustellen.

Wie beurteile ich, ob mein Bestand gesund ist? Die Kriterien für den praktischen Jäger sind Durchschnittsgewichte, Gesundheits- und Reproduktionsstatus. Streben Sie möglichst hohe Gewichte an, denn wie an anderer Stelle bereits erwähnt: Die Körpergewichte der Rehe sind der beste Indikator für den Jäger. Ziel muss in diesem Zusammenhang auch sein, dass Knopfböcke und bestimmte Parasitosen wie z. B. Rachendasseln in einem gesunden Bestand praktisch nicht vorkommen.

Bringen Sie sich durch falsche Zurückhaltung nicht um die eigene Strecke. Die Formel ist schlicht: straffe Jagd => angepasste Bestände => gute Kondition => erhöhte Reproduktion. Geht es Rehen durch sozia-

Gehäufter Rachendassel-Befall zeugt nicht von einem gesunden Rehwildbestand.

TIPP
Rehe müssen sich wohlfühlen, dann verbessert sich die körperliche Kondition und die Reproduktion geht nach oben. Dies trifft in erster Linie auf Schmalrehe und jüngere Ricken zu; bei alten Ricken setzt die zunehmende Vergreisung Grenzen (FLAJSMANN et al. 2017).

len Druck dagegen schlecht, sind eine Reduktion des durchschnittlichen Körpergewichts und auch der Reproduktionsleistung die Folge.
Viele unserer Reviere sind deutlich potenter als wir es annehmen. Die meisten Reviere bzw. Jäger unternutzen ihre Rehbestände nach wie vor.
Am Ende gilt auch: Rehwild hat kleine Lebensräume und deshalb kann der Jäger die Entscheidung über die Entnahmehöhe bei dieser Wildart selbst am besten treffen – keiner kennt die Verhältnisse im Revier besser als er.

WEISER VERBISS

Ein weiterer wichtiger Weiser ist die Einschätzung der örtlichen Vegetationssituation. Sie gibt ebenfalls darüber Auskunft, wie jagdlich beim Reh geplant werden muss. Wie Verbiss im Einzelnen auch für den praktischen Jäger erhoben werden kann und was sich daraus jagdlich verbindet, wird im Kapitel Verbiss thematisiert.

OHNE PLAN, ABER NICHT PLANLOS

Auch wenn es beim Rehwild keiner Abschusspläne bedarf, sind „Arbeitsziele" dennoch wichtig. Im Ergebnis soll der Waldumbau gelingen und gleichzeitig ein gesunder Wildbestand hergestellt werden. Die Schaffung eigener Kriterien zu Verbissbelastungsgrenzen und der körperlichen Verfassung des Wildes sind zentrale Indikatoren. Abschusszahlen alleine sagen wenig aus.

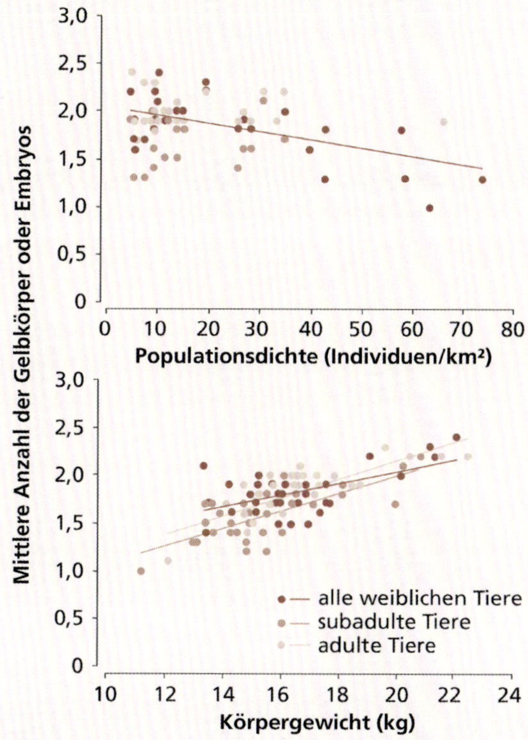

Reproduktionserfolg in Abhängigkeit vom Körpergewicht (FLAJSMANN et al. 2017)

JAGEN IM RHYTHMUS DES REHS

Wer Rehe erfolgreich bejagen möchte, muss mit ihren Gewohnheiten vertraut sein. Da sich vieles im Leben dieser Wildart im Verborgenen abspielt, bleiben für den Jäger oft viele Fragen offen. Nicht selten werden dann nichtzutreffende Annahmen und Vorstellungen entwickelt, die teilweise auch zu falschen Entscheidungen bei der Bejagungsstrategie führen.
Um Tagesabläufe und jahreszeitliche Rhythmen dieser Wildtierart analysieren zu können, werden von der Wildbiologie seit einiger Zeit moderne multifunktionale Sender eingesetzt. Diese liefern nicht nur punktgenaue Positionsdaten, sondern registrieren anhand

von Beschleunigungssensoren sogar, was das Stück gerade tut. Auf diese Weise werden detaillierte Information über das Leben unseres kleinsten Wildwiederkäuers sichtbar gemacht.

TIPP
Rehe verschieben ihre Hauptaktivitätsbereiche im Frühjahr an die Waldränder. Setzen Sie dort jagdliche Schwerpunkte. Identifizieren sie außerdem „Jährlingsecken" in Ihrem Revier. Auch diese Bereiche helfen bei der Erfüllung des Rehabschusses. Bei der Frühjahrsjagd sind die Morgen- und Abendstunden gleichermaßen erfolgversprechend.

TAGES- UND JAHRESAKTIVITÄT

Als Taktgeber für die jahreszeitlich angepasste Tagesrhythmik fungiert der Sonnenstand. Über Sensoren im Licht „misst" das Reh die Sonnenscheindauer und passt daraufhin das Verhalten und physiologische Einstellungen des Körpers an.
Den individuellen Tagesrhythmus des Rehs bestimmt neben der Feindvermeidung in erster Linie die Äsungsaufnahme. Die Zusammensetzung der Äsung wiederum hat einen direkten Einfluss auf den Ablauf eines Tages. Handelt es sich etwa um faserarme und energiereiche Äsung, reduziert sich die Zeit des Wiederkäuens und somit der Rhythmus der Rehe. Das Gleiche gilt andersherum.
Da die Äsungszusammensetzung und der Energieanspruch jahreszeitlichen Schwankungen unterliegen, führt dies dazu, dass Rehe im Sommer mehr Aktivitätsphasen haben als im Rest des Jahres. Bereits MOEN (1978) stellte fest, dass das leicht verdauliche Äsungsangebot dieser Jahreszeit zu einer reduzierten Ruhezeit und einer höheren Zahl an Aktivitätsschüben führt. Unter anderen bestätigte WOLF (2013) diesen Zusammenhang durch Nachverfolgen der Aktivität der Tiere mittels Telemetrie. Nach den Ergebnissen seiner Studie haben Rehe im Sommer innerhalb von 24 Stunden etwa zwölf Aktivitätsphasen, die jeweils etwa eine Stunde dauern. Im Winter reduziert sich die Zahl auf sieben bis acht, wobei diese Phasen dann mit 79 Minuten jeweils deutlich länger sind.

Überwiegend nachtaktiv sind Rehe im Frühjahr, im Sommer und im Herbst.

AKTIVITÄTSPHASEN

Die Aktivitätsphasen des Rehwildes verteilen sich nicht gleichmäßig über den Tagesverlauf. Rehe sind über das gesamte Jahr hinweg besonders zur Dämmerungszeit aktiv. Daneben finden sich aber auch Aktivitätsschübe am Tag und in der Nacht. Interessant ist der unmittelbare Tag-Nacht-Vergleich im Jahresgang. Er zeigt, dass Rehe im Winter eher am Tag aktiv sind. Im Frühjahr, Sommer und Herbst kehren sich die Verhältnisse um. Dann überwiegt die Nachtaktivität.

Wie ein Reh sein Habitat wirklich nutzt, hängt in hohem Maße davon ab, wie und womit dieses ausgestattet ist. Generell zeigt sich dabei, dass Strukturreichtum – die bekannten Randlinien spielen hierbei eine große Rolle – eines Lebensraums zu kleineren Streifgebieten führt. Neben artgerechter Äsung ist das Vorhandensein von Deckung dabei ein Faktor, der die Größe des Reviers wesentlich mitbestimmt. So fanden LOVARI et al. (2017) heraus, dass Rehreviere dann umso kleiner werden, je mehr zusammenhängende Waldfläche vorhanden ist.

RAUMNUTZUNG

DAS REH – EIN ANPASSUNGSKÜNSTLER

Sehr deutlich wird diese große Diskrepanz im direkten Vergleich zwischen Feld- und Waldrehen aus ein- und demselben Untersuchungsgebiet: Die im Wald und Wald-Feld-Übergangsbereich lebenden Stücke besaßen vergleichsweise kleine Streifgebiete zwischen 17 bis 32 Hektar. Ihre Artverwandten, die ihre Einstände auf den großen Feldschlägen hatten, verfügten über deutlich größere Reviere mit bis zu 204 Hektar.
CARGNELUTTI et al. (2002) konnten dies sehr eindrücklich anhand eines Bocks aufzeigen, der zunächst als Feldreh lebte und aus unbekannten Gründen seinen Einstand im Verlauf der Untersuchung in den Wald verlagerte. Durch diesen Ortswechsel verringerte er sein Streifgebiet um das Sechsfache! Dieses kleine Beispiel unterstreicht die Anpassungsfähigkeit von Rehwild, sowie dessen Fähigkeit, sich gegebenenfalls schnell mit neuen Bedingungen zurechtfinden zu können.

„PULSIERENDE" STREIFGEBIETE

Um ihren Lebensraum effektiv zu nutzen, kommt es bei vielen Rehen aber auch zu saisonalen Verschiebungen. Bereits ELLENBERG (1978) kommt auf der Grundlage sei-

Die (Nicht-)Verfügbarkeit von Äsungspflanzen kann dazu führen, dass Rehe ihr Streifgebiet verlagern.

GELÄNDESTRUKTUREN UND MINIREVIERE

ZEILER et al. (2011) untersuchten das Verhalten territorialer Waldböcke. Auffällig ist zum einen, dass diese Böcke offenbar bevorzugt Geländestrukturen wie Straßen, Flüsse oder Bestandsränder als Abgrenzung für ihre Reviere nutzen. Je markanter solche Grenzen waren, desto strikter hielten die Nachbarn sie auch ein. Dass als Revier auch ein sehr kleinräumiger Bereich ausreicht, wurde anhand des sogenannten roten Mühlsteinbocks dokumentiert. Dieser Bock nutzte über zwei Jahre eine Fläche von lediglich 14,5 Hektar. Die Wintermonate verbrachte er in den beiden Untersuchungsjahren auf einer Fläche von etwa einem Hektar. Einen geringen Flächenanspruch haben oft auch revierlose geringe Jährlinge. Nicht selten schieben sie sich in den Bereich zwischen zwei Territorien ein. Wer diese Plätze im Revier ausgemacht hat, wird sich bei der Erfüllung des Abschussplans leichter tun. Stärkere Jährlinge ohne eigenes Revier hingegen haben es in der Regel schwer: Sie werden zumeist als Erste verdrängt.

ner Untersuchungen zu dem Ergebnis, dass die Streifgebiete im Jahresgang quasi „pulsieren“. Rehe sind demnach je nach Bedarf und Vorhandensein von Äsungspflanzen aber auch in Reaktion auf anhaltende Störungen in der Lage, ihre Streifgebiete zu verlagern. WOLF (2013) stellte im Frühjahr regelmäßig fest, dass Rehe, die über die Wintermonate im Waldinneren lebten, ihre Streifgebiete im Frühjahr Richtung Waldkante verschoben. In diesem Zusammenhang kommt es bei Ricken auch zu einer deutlichen Verkleinerung der Streifgebiete. In der Untersuchung reduzierten sie sich von 115 Hektar im Februar auf durchschnittlich 17 Hektar im Juni. Die Wahl der Reviere weist dabei geschlechterspezifische Unterschiede auf. Während Böcke wenig wählerisch eine bestimmte Fläche beanspruchen, wählen Ricken gezielt bessere Standorte aus (WAHLSTRÖM & KJELLANDER 1995). Eine Verhaltensweise, die vermutlich in Zusammenhang mit der Aufzucht der Kitze steht. Die günstigere Äsungsverfügbarkeit einzelner Revierteile spielt dabei sicher ebenso eine Rolle wie die Tatsache, dass die Ricke in der Nähe der Kitze bleibt.

REHBÖCKE – KLARE INTERESSEN

Bei den Böcken lassen sich über das Jahr hinweg konstantere Streifgebietsgrenzen feststellen. Trotz einander teilweise widersprechender Untersuchungsergebnisse zeigen Böcke eher eine Tendenz dazu, die Territorien im Sommer zu vergrößern. Diese Verhaltensweise wird in der Monopolisierung von Ricken gesehen. Ein größeres Territorium erhöht logischerweise die Chance auf eine größere Zahl an Ricken (s. a. S. 15). Die Fläche bis ins Unendliche auszudehnen, ist jedoch nicht möglich: Ab einer gewissen Größe ist ein Revier auch für den noch so umtriebigen Rehbock ökonomisch einfach nicht mehr zu verteidigen. Auch dieses Beispiel verdeutlicht, dass das Verhältnis Aufwand zu Nutzen immer passen muss.

01

RAUMNUTZUNGSFAKTOR BESTANDSDICHTE

Ein weiterer Faktor, der die Raumnutzung von Rehen stark beeinflusst, ist deren Bestandsdichte. KJELLANDER et al. (2004) untersuchten, inwieweit sich die Rehdichte auf die Größe der Territorien der Böcke auswirkt. Zu Studienbeginn waren die Sommerreviere etwa 50 Hektar groß. Nachdem die Rehwilddichte von etwa 14 Rehen/100 ha um ca. die Hälfte reduziert worden war, stieg die Größe der Sommerreviere auf das Doppelte! Da auch bei den Ricken eine ähnliche Tendenz feststellbar war, vermuten die Forscher, dass den Territoriuminhabern in beiden Phasen eine vergleichbar große Zahl an Ricken zur Verfügung stand.
Ein ähnlicher Effekt wurde von denselben Wissenschaftlern auch in einer Vergleichsstudie ermittelt. Dort verkleinerte sich die Streifgebietsgröße nach der Erhöhung der Wilddichte. Dieses Wissen bietet uns Jägern

01 *Die Reviergröße von Böcken richtet sich nach der Möglichkeit, genug weibliches Rehwild beanspruchen zu können.*

02 *Die Weichen werden früh gestellt: Stärke und Frühentwicklung von Bockkitzen entscheiden über deren spätere Chancen auf ein Territorium.*

02

einen guten Ansatzpunkt, wie wir die Gesundheit und auch den Abwanderungsdruck steuern können.

ZU VIEL „SCHONEN" FÜHRT ZU ABWANDERUNG

Die Stärke eines Bockkitzes und die frühen Entwicklungsphasen entscheiden wesentlich über das spätere Schicksal. Zwar werden die starken Tiere häufiger verfolgt und attackiert, gleichzeitig haben sie jedoch auch die größeren Chancen, ein eigenes Territorium zu besetzen. Diesen Prozess kann der Jäger unterstützen, indem schwache mittelalte und reife Böcke entnommen werden, wann immer sich Gelegenheit dazu bietet.
Es macht daher keinen Sinn, Platzböcke bis in die Blattzeit zu schonen. Ihre Schonung hat nachweislich keinen Effekt auf den genetischen Zustand einer Population. Zudem schickt man dadurch vor allem gute Jährlinge buchstäblich auf Reisen.

☞ ANTEIL JÄHRLINGSGEWEIHE IM GEBIET HAKEL (STUBBE 2008)

JÄHRLING	ANTEIL
Spießer	44,6 %
ungerade Gabler	3,8 %
Gabler	40,0 %
Ungerade Sechser	3,1 %
Sechser	8,5 %

Vergleichbares gilt auch mit Blick auf die Gesamtzahl der Rehe eines Reviers. Denn auch hier gilt die Formel: Leistet man sich zu viele Rehe, zwingt man einen Teil zur Abwanderung.
Zusammenfassend lässt sich zu den Streifgebieten des Rehwilds sagen:

- Waldrehe benötigen in der Regel nicht mehr als 30 Hektar, um ihre Bedürfnisse an Schutz, Ruhe und Äsung zu decken.
- Feldrehe haben um ein Vielfaches (das Sechs- bis Achtfache) größere Streifgebiete.
- Ricken vergrößern ihre Streifgebiete im Winter, während sie im Sommer deutlich kleinere Streifgebiete nutzen.
- Böcke haben eher konstante Reviere, sie neigen dazu, ihre Territorien im Sommer zu vergrößern.

HABITAT	TERRITORIUMGRÖSSE	QUELLE
Wald	16 ha	ZEILER et al. 2011
Wald	16,4 ha	PEGEL & THOR 2000
Wald-Feld	23,5 ha	WOLF 2013
Wald-Feld	25 ha	CEDERLUND 1983
Wald-Feld	70 ha	LOVARI et al. 2017
Feld	bis zu 204	CARGNELUTTI et al. 2002

Territoriumgrößen von Rehwild

Am Ende des Winters sind die ohnehin geringen Feistreserven des Rehwildes aufgezehrt. Im März und April muss dringend Energie „aufgetankt" werden.

GEDANKEN ZUR FRÜHJAHRSJAGD

Mit Blick auf die Bejagbarkeit scheint es grundsätzlich sinnvoll, die Jagdzeit mit dem phänologischen Frühjahrsbeginn starten zu lassen. Festzuhalten ist dabei, dass sich dieser zuletzt immer weiter nach vorn verschob – einer französischen Studie zufolge in den vergangenen 30 Jahre um ca. zwei Wochen (PLARD et al. 2014; s. S. 10).

Nicht waidgerecht? – Bastböcke zu erlegen, dient zügiger Abschusserfüllung und erlaubt eine Jagdpause nach dem Frühjahr.

NULL RESERVEN AM WINTERAUSGANG

Ob diese klimatische Veränderung dem Reh zugutekommt, ist noch offen, denn schon ab dem körperlichen Optimum im Dezember bauen Ricken schnell ab. Gründe sind die Ernährungsweise und die geringe Größe der Tiere. Saisonale Schwankungen des Nahrungsangebots betreffen den Konzentratselektierer stärker als anderes Schalenwild (HOFMANN 1976). Hinzukommt das ungünstige Oberflächen-Volumen-Verhältnis des Körpers. Die ohnehin geringen Feistreserven des Rehs erschöpfen sich deshalb bis zum Frühjahr völlig, v. a. trächtige Stücke verbrauchen jetzt viel Energie. So sind vor allem die Monate März und April für den Ausgleich von Energiedefiziten wichtig.

JAGD BEDEUTET STÖRUNG

Selbstverständlich wirkt sich ein zeitiger Jagdbeginn auch unmittelbar auf das Verhalten der Rehe aus. Als Faustformel gilt, dass sich die Störreichweite dieser Art mit Beginn der Jagd verdoppelt. Zudem bleiben Rehe ggf. über Wochen von Flächen fern, insbesondere von solchen mit wenig Deckung (s. a. S. 89).

FAZIT

Die sehr lange Jagdzeit auf Rehwild erreicht bereits jetzt tierschutzrelevante Grenzen. Daraus leitet sich mit Blick auf die Bedürfnisse des Rehs die wildbiologische Forderung ab, die Jagd auf diese Wildart zur Jahreswende zu beenden und in der Summe auf ein halbes Jahr zu begrenzen. Wer es mit der Regulierung ernst nimmt, sollte seine Abschussziele auch in diesem Zeitfenster realisieren können. Und wer die Frühjahrsjagd nutzt, sollte auch über eine anschließende Phase des Jagdverzichts nachdenken. Die Aktivität des Rehwilds geht dann ohnehin erst einmal deutlich zurück.

Bei der Frühjahrsjagd ist außerdem wichtig, Schmalrehe und Böcke gleichermaßen zu entnehmen. Bei den Jährlingen auf ein blankes Gehörn zu warten, ist also nicht sinnvoll. Das Credo muss heißen: Wenn schon gestört wird, muss auch Strecke gemacht werden. Dies ist im Sinne unseres Rehwildes.

BASTBÖCKE UND WAIDGERECHTIGKEIT

Es ist durchaus waidgerecht, den unverfegten Bock zu erlegen, wenn sich die Gelegenheit dazu bietet. Eine zeitweise straffe Jagd ermöglicht nämlich Phasen der Ruhe. Eine immer weitere Ausdehnung der Jagdzeit wird indes keinen Beitrag zur Lösung der Verbissproblematik leisten können. Grundsätzlich ermöglichen die Jagdzeiten in Deutschland, flexibel zu sein, und den erforderlichen Anteil an Rehen zu entnehmen. Wichtig ist dabei aber auch, dass die Belange des Wildes Berücksichtigung finden.

SOMMER
— *ruhige Zeiten und wildes Treiben*

WILDBIOLOGISCHE FAKTEN

Jetzt im Sommer sind nun alle Reviere besetzt, die etablierten Böcke haben sich eingerichtet und sind mehr oder weniger regelmäßig zu beobachten. Die Brunft steht bevor – ein Jahreshöhepunkt für Jäger und Rehwild.

JÄHRLINGE – WO SIND SIE?

Die Platzböcke verlassen ihr Reviere bis zur Brunft meist nicht mehr. Im Sommer jedoch gibt der Verbleib der Jährlinge, insbesondere der starken, dem Jäger oft Rätsel auf: Nicht selten sind diese „Hoffnungsträger" plötzlich wie vom Erdboden verschluckt.

JE STÄRKER DER JÄHRLING ...

... desto eher wandert er ab. Nicht nur die Revierqualität und die Populationsdichte sind Auslösefaktoren dafür.
In einer schwedischen Studie wurden weitere Ursachen festgestellt, die über das Wanderverhalten einjähriger Böcke entscheiden (WAHLSTRÖM 1994, WAHLSTRÖM & LIBERG 1995). Dabei konnte man auch ei-

Je besser Jährlinge körperlich entwickelt sind, desto mehr „Druck" bekommen sie von den Platzböcken und desto mehr neigen sie zu Abwanderung.

nen gesicherten Zusammenhang zwischen der Abwanderung von Jährlingsböcken und ihrer körperlichen Stärke belegen.
Anhand von 98 Jährlingen ließ sich aufzeigen, dass körperlich gut entwickelte Exemplare eine größere Neigung dazu haben abzuwandern. Schuld daran sind die territorialen Böcke, die solche Jährlinge verstärkt unter Druck setzen – gerade starke Einjährige werden immer wieder zur Zielscheibe der Platzböcke. Die Zahl der Angriffe, die sie in Aktivitätsphasen über sich ergehen lassen müssen, ist um ein Vielfaches höher, als die Anzahl der Attacken gegenüber schwächeren Altersgenossen. So muss ein gut entwickelter Jährling mit nahezu einem Angriff pro Stunde rechnen, während ein geringer Knopfer im günstigsten Falle keinen oder nur vereinzelten Angriffen ausgesetzt ist. Letztgenannte stellen für den Platzbock wohl keine ernste Bedrohung dar und werden eben mehr oder weniger geduldet.
Sehr häufig etablieren schwache Jährlinge auch kleine Streifgebiete zwischen benachbarten Revierinhabern. Dabei reichen ihnen oft kleinste Bereiche, um ihre Bedürfnisse zu befriedigen. Einer österreichischen Studie zufolge besaß ein solcher Jährlingsbock über einen mehrwöchigen Zeitraum ein Gebiet von lediglich 1,5 ha Größe (ZEILER et al. 2011). Nicht selten werden solche unattraktiven Revierbereiche über Jahre hinweg als Jährlingseinstand von den entsprechenden Tieren genutzt. Kennt der Jäger solche Ecken, ist er mit Blick auf den Jährlingsabschuss im Vorteil.

UNSICHTBARE REHE

Nach dem Aktivitätshoch im Frühjahr sind Rehe generell im Sommer oft „verschwunden". In einem Rehwildprojekt, in dem ich einmal mitarbeitete, waren diverse Individuen eines Reviers besendert. Erstaunlich war, dass diese Stücke den Jägern teilweise überhaupt nicht bekannt waren, obwohl sie oft nur kleine Bereiche bewohnten. Der Waldumbau wird künftig noch mehr Deckung schaffen und dieses Problem künftig zweifellos noch verstärken.

Wer die Reviereckcn mit schwachen Jährlingen kennt, tut sich leichter mit deren Abschuss.

ENTWICKLUNG UND GESCHLECHTSREIFE

Die Aggressionen, die den körperlich starken Jährlingen zuteilwerden, haben Gründe. Denn mit der guten körperlichen Verfassung verbindet sich auch eine schnellere geschlechtliche Heranreifung. So fanden Forscher heraus, dass gute Jährlinge noch deutlich vor Beendigung des ersten Lebensjahres geschlechtsreif sind. Ist ihre Entwicklung günstig, kann die Bildung von Spermien (Spermatogenese) bei diesen Tieren bereits mit einem halben Jahr einsetzen. Dagegen kommt es bei geringeren Böcken zu einer Verzögerung der Entwicklung.
Auf eine einfache Formel heruntergebrochen bedeutet dies: Je stärker ein junger Bock, desto schneller wird er geschlechtsreif und folgerichtig auch als Konkurrent wahrgenommen und entsprechend behandelt.

Starke Böcke bis zur Blattzeit zu schonen, ist sinnfrei. Sie früh zu erlegen, reduziert dagegen die Abwanderung starker Jährlinge.

DIE FRÜHPHASE ENTSCHEIDET

Im Mai wird bekanntermaßen die neue Kitzgeneration gesetzt. Schon jetzt, d. h. durch Geburtszeitpunkt und vor allem Geburtsgewicht, werden wesentliche Weichen über den individuellen Lebensweg jedes Rehs und damit auch das Schicksal eines Bocks gestellt. So wird eine körperlich gut entwickelte Ricke ihre Bockkitze in aller Regel zur rechten Zeit mit einem hohen Geburtsgewicht setzen. Kommt in deren weiterer Entwicklung zum erwachsenen Tier nichts dazwischen, sind ihre Chancen, ein eigenes Territorium zu besetzen und sich fortzupflanzen, nachweislich größer. Vor der ersten großen Herausforderung des Lebens stehen die Jährlinge, wenn sie abwandern, um in fremden Streifgebieten eigene Reviere zu besetzen

OFT VERFOLGT, DOCH CHANCENREICH

Die starken Jährlinge werden zwar häufiger verfolgt und attackiert, gleichzeitig haben sie jedoch auch die größeren Chancen, ein eigenes Territorium zu besetzen. Noch einmal: Durch die Entnahme mittelalter und reifer Böcke unterstützt der Jäger starke Jährlinge und hält sie im Revier – Platzböcke erst nach der Blattzeit zu erlegen, macht keinen Sinn und ändert nachweislich auch nichts am genetischen Zustand einer Population. Die Alternative zur Entnahme älterer Böcke ist die Abwanderung insbesondere guter Jährlinge.

SCHWEISSTREIBENDE WITTERUNG

Speziell im Sommer übernimmt der Faktor Wasser auch für das Reh eine besondere Bedeutung. Grundsätzlich hat Wasser zahlreiche überlebensnotwendige Funktionen. Es dient im Körper als Lösungs- und Transportmittel, reguliert den Zelldruck sowie die Körpertemperatur und ist an den meisten Stoffwechselvorgängen beteiligt. Die regelmäßige Zufuhr von Wasser muss daher fortwährend gewährleistet sein. Bereits der Verlust von zehn Prozent Wasser kann zu schweren Störungen in einem Organismus führen.

WASSERBEDARF IST INDIVIDUELL

Die Wasseransprüche einzelner Tierarten sind durchaus abweichend. Rinder z. B. benötigen bis zu zehn Prozent des eigenen Körpergewichts an Wasser pro Tag. Bei unseren Wildarten kann man als Faustregel davon ausgehen, dass sie je nach Bedingungen etwa 50 bis 100 ml pro Kilogramm Körpergewicht benötigen. Nehmen wir für ein Reh ein Lebendgewicht von 20 kg an, dann ergibt sich daraus ein Bedarf von etwa einem bis zu zwei Litern. Bei einer täglichen Auf-

nahme von bis zu vier Kilogramm Äsung, die einen Wasseranteil zwischen 40 und 90 % Prozent besitzt, ist es demnach prinzipiell in der Lage, seinen Wasserbedarf allein über die Äsung sowie den damit aufgenommenen Tau sicherzustellen.
Dies und die Tatsache, dass man Rehwild selten schöpfen sieht, führte in der Vergangenheit auch in Jägerkreisen teilweise zu der Annahme, dass Rehwild Wasser gar nicht aktiv aufnähme. Das ist aber mit Sicherheit nicht der Fall. Hat Rehwild die Gelegenheit, an Wasser zu gelangen, nimmt es dies insbesondere in der heißen Jahreszeit generell gern an. Doch auch in puncto Wasser bleiben Rehe ihrer Naschhaftigkeit treu. Übelriechende und damit in der Regel keimbelastete Wasserstellen meiden sie. Nur wenn es zu einem extremen Wassermangel kommt, werden auch sie genutzt.

DIVERSE WEGE DES WASSERSPARENS

Wer wenig Wasser zur Verfügung hat, ist gezwungen, damit zu haushalten. Auch unser Rehwild hat diesbezüglich Sparmechanismen entwickelt. So schützt ihre Decke nicht nur effektiv vor Kälte, sondern ebenso vor Wärme und Austrocknung.
Aber auch durch eine Verhaltensanpassung kann Wasserverlust vermieden werden – z. B. über eine Verlagerung der Aktivitätsphasen in die Nacht. Von Rehen ist bekannt, dass die Blattzeit in besonders heißen Sommern in den dunklen und kühleren Tagesphasen stattfindet. Grundsätzlich kann sich auch die Raumnutzung infolge starker Hitze verändern. Die Tiere werden dann – wie auch bei großer Kälte – inaktiver und suchen kühlere Plätze auf.

Rehwild deckt einen hohen Anteil seines Wasserbedarfs über die Äsung, schöpft aber auch aktiv.

Auch durch Verlagerung der Aktivitäten in kühlere Tagesphasen und die Nacht passt sich Rehwild an große Hitzephasen an.

EXKURS: ONBOARD-SPARMODUS UND SELFMADE-WASSER

Manche Tierarten haben einen „eingebauten" Wassersparmodus. In ihrem Körper werden überschüssige Stickstoffverbindungen mithilfe von Harnsäure und nicht, wie z. B. bei Säugetieren, mittels Harnstoffs abgebaut. Dies spart viel Wasser, da pro Gramm Stickstoff lediglich ein Milliliter Wasser nötig ist. Beim Harnstoff sind es 50 ml! Vögel und Reptilien nutzen diese Form der Ausscheidung und sparen so effizient Wasser. Auch interessant: Bei der Umsetzung von Fetten, Kohlenhydraten und Eiweißen im Körper entsteht Oxidationswasser – Fette sind dabei am ergiebigsten. Dieses Wasser aus verstoffwechselter Nahrung ist für viele Tiere wichtig, Arten in besonders trockenen Bereichen der Erde sind in hohem Maße darauf angewiesen. Auch Zugvögel nutzen diese Art der Wasserversorgung. Rehe tun dies ebenfalls, doch ihr Oxidationswasser reicht nicht annähernd für die nötige Wasserversorgung. Zum Vergleich: Der Mensch produziert täglich bis zu 300 ml Oxidationswasser.

Gönnen wir den Rehen in Trockenheitsphasen an Wasserstellen Ruhe – das reduziert ihren Stress.

ANHALTENDE HITZE BEDEUTET STRESS

Rehe und andere heimische Wildtiere verfügen über effektive Mechanismen, die sie vor Trockenheit und Wassernot schützen. Fälle, in denen es infolge von Hitze zu einer Hyperthermie kommt, sind daher äußerst selten. Doch auch wenn bedrohliche Zustände nicht oft vorkommen, führt anhaltende Hitze zu einer starken Stresssituation, die sich auf den allgemeinen Gesundheitszustand der Tiere auswirken kann.

Insbesondere bei Kitzen können Hitze und Wassermangel zu Beeinträchtigungen in der Entwicklung führen. Daraus ergeben sich Konditionsdefizite, die häufig über längere Zeit anhalten. Nachgewiesen ist, dass in der Folge verringerte Durchschnittsgewichte möglich sind. Das Anlegen von Schöpfmöglichkeiten, die mit vertretbarem Aufwand geschaffen werden können, ist daher eine sinnvolle Maßnahme.

Wasserstellen sind gerade bei Wasserknappheit auch für das Reh Anziehungspunkte im Revier. In Phasen starker Trockenheit und großer Hitze sollte der Jäger nicht an solchen Plätzen jagen, um den Stress für das Wild so gering wie möglich zu halten.

DAS WANDERN – DES REHS LUST?

Die Brunft bringt viel Bewegung ins Leben des Rehwildes. Gleichzeitig stellt die Blattjagd höchstes jagdliches Erleben dar. Um dabei erfolgreich zu sein, ist neben vielen anderen Dingen auch das Wissen um das Raumnutzungsverhalten der kleinen Wiederkäuer während dieser Zeit hilfreich.

In der jüngeren Vergangenheit konnten neue Einblicke in das Wanderverhalten des Rehwilds gewonnen werden. Besonders durch den Einsatz von GPS-Sendern wurden bislang ungeklärte Zusammenhänge aufgedeckt. Dank dieser Technik ist eine lückenlose

Verfolgung des besenderten Wildes möglich. So lassen sich selbst kurzfristige Exkursionen aus dem Streifgebiet erfassen. Da sich besonders in der Brunft vieles innerhalb kurzer Zeit abspielt, hat die moderne Technik ganz neue Aspekte und Erkenntnisse hervorgebracht. Es zeigte sich z. B., dass das im Allgemeinen als standorttreu geltende Rehwild zumindest zeitweise recht ordentlich auf Wanderschaft geht.

PLATZBÖCKE ...

Dass Böcke eine relativ strenge Territorialität haben, ist lange bekannt (STUBBE 1997). Regelmäßig patrouilliert der Revierbesitzer an den Grenzen und markiert dort sein Territorium. Diese mehr oder weniger unsichtbaren „Grenzsteine" werden, wie schon erwähnt, von den Nachbarn akzeptiert, was unnötige Auseinandersetzungen vermeidet. Territoriumsgrenzen können über Jahre hinweg identisch bleiben.

Wo Geländeübergänge, Straßen oder auch Gräben als markante landschaftliche Grenzlinien fehlen (s. Kasten S. 39), kann es zu größeren Überlappungen der Territorien kommen. Deren Kernbereiche bleiben jedoch immer unangetastet.

Wie erwähnt, ist der Inhaber eines Territoriums kaum noch daraus zu verdrängen, hat er es einmal besetzt. Und nach bisherigem Kenntnisstand verlässt ein Platzbock auch während der Brunft sein Revier nicht. Die Blattzeit treibt aber nicht nur Platzböcke um – auch revierlose Jährlinge oder mittelalte Böcke suchen ihre Chance. Bei den Mehrjährigen kann es sich durchaus um starke Böcke handeln.

... UND REVIERLOSE BÖCKE

Böcke ohne eigenes Revier – also auch mehrjährige – werden im Grenzbereich zwischen zwei Territorien aber meist geduldet. Nicht selten etablieren sich dort mehrere solcher Böcke, sodass sie in bestimmten Teilen häufiger anzutreffen sind.

Böcke markieren ihr Revier regelmäßig, u. a. durch Reiben der Stirnlocke an Ästen oder Bäumchen. Die Reviegrenzen bleiben manchmal über Jahre unverändert.

Diese Tiere akzeptieren einander weitgehend. Kämpfe gibt es dort kaum, weil es ja auch nichts zu gewinnen gibt. Interessant ist aber eben, dass die revierlosen Böcke in den genannten Arealen von den Platzböcken vergleichsweise unbehelligt bleiben. Es ergeben sich dadurch förmlich kleine Nischen.

WANDERBÖCKE ...

Der Reproduktionserfolg junger, revierloser Böcke ist in der Regel gering. In einer genetischen Untersuchung zeigte sich, dass Jährlinge und zweijährige Böcke nicht nennenswert erfolgreich an der Brunft beteiligt sind. Dies unterstreicht, wie wichtig es für einen Bock ist, ein eigenes Revier zu besetzen.

Unverhofft kommt ... manchmal. Böcke ohne Territorium wandern weit auf der Suche nach einer Fortpflanzungschance. So tauchen zur Brunft mitunter völlig unbekannte Böcke auf.

Dennoch versuchen auch junge Böcke, sich an der Brunft zu beteiligen. Zu diesem Zweck unternehmen sie zur Blattzeit größere Wanderungen. Diese Ausflüge führen sie dabei bis zu acht Kilometer von ihrem Sommereinstand weg! Während dieser Wanderungen passieren sie zwangsläufig eine Vielzahl fremder Bockterritorien und Jagdreviere. Wegen dieser „Grenzübertritte" werden sie von den territorialen Böcken immer wieder auf die Läufe gebracht und vehement verfolgt. Aus diesem Grund kann der Jäger in dieser Zeit völlig unbekannte Böcke vor die Büchse bekommen. Wenn so ein Bock passt, sollte der Jäger seine Chance nutzen: So unerwartet, wie die Wanderböcke auftauchen, so schnell verschwinden sie meistens auch wieder.

... UND AUSFLUGSRICKEN

Im Allgemeinen haben Ricken keine Territorialität. Ihre Streifgebiete können sich aber mit denen von Böcken überlagern. Teilweise werden ihre Reviere aber auch von mehreren Böcken angeschnitten. Grundsätzlich sind die Territorien von Ricken größer als die der Böcke. Dabei gilt: Je besser der Lebensraum, desto kleiner das Revier. Die Größe schwankt in Abhängigkeit vom Habitat zwischen 20 bis 100 Hektar.

In der Brunft werden Ricken allerdings für kurze Zeit sehr aktiv. Französische Forscher fanden heraus, dass nahezu die Hälfte aller Ricken zur Blattzeit ihren Einstand verlässt. Meistens handelt es sich dabei um kurzzeitige Ausflüge. ZEILER und Mitarbeiter (2011) berichten z. B. von einer Ricke, die sich während der Brunft etwa vier Kilometer aus ihrem eigentlichen Streifgebiet entfernte. Dort hielt sie sich 24 Stunden auf kleinstem Raum auf und kehrte bereits am Folgetag zurück.

Da Ricken nur etwa 48 Stunden empfangsbereit sind, wurde sie mit hoher Wahrscheinlichkeit im fremden Revier beschlagen.

Nach welchen Kriterien die Ricke den Bock erwählt, ist bis heute nicht zweifelsfrei geklärt. Eine Art der indirekten Partnerwahl betreibt die Ricke durch ihr Verhalten während der Brunft, indem sie sich zunächst stundenlang vom Bock treiben lässt. Durch diese weibliche Zurückhaltung kommt es dazu, dass weitere Böcke auf sie aufmerksam werden. Das wiederum stellt sicher, dass gleich mehrere Böcke um sie werben.

ZUR BRÄUTIGAMSCHAU INS „AUSLAND"

Es scheint aber auch eine direkte Form der Partnerwahl zu geben. Einige Ricken unternehmen über Jahre die gleichen Exkursionen, um sich fernab des eigenen Einstands von einem Bock beschlagen zu lassen. Vermutlich folgen sie dabei ihrem Geruchssinn. Bei anderen Säugern wurde festgestellt, dass ein geeigneter Geschlechtspartner quasi am Duft erkannt wird. Demnach könnte eine Ricke anhand der Duftnote des Partners auf dessen immunologische Ausstattung schließen. Dabei werden Geschlechtspartner bevorzugt, die die eigenen Anlagen ergänzen. Noch ein weiterer Zweck wird hinter den Ausflügen der Ricken vermutet. Da Rehe keine großen Abwanderungstendenzen zeigen, besteht die Gefahr, sich mit einem nahen Verwandten zu paaren. Ausgedehntere Wanderungen während der Blattzeit verringern also das Inzuchtrisiko. Tatsächlich zeigte sich bei Kitzen mit einem höheren Maß an Mischerbigkeit ein positiver Effekt bezüglich der Vitalität und Überlebenschancen. Wandern hält das Rehwild also fit!

BRUNFT UND NACHBRUNFT

Eine Ricke wird statistisch gesehen 67 Tage nach dem letzten Setzen für einen Zeitraum von etwa zwei Tagen östrisch, d. h. empfangsbereit. Der Zeitpunkt der Empfängnisbereitschaft wird in hohem Maße durch die Tageslichtlänge gesteuert. Beträgt sie 15 ¾ Stunden, stellt sich ein bestimmter Hormonstatus ein und die Ricken und Schmalrehe werden empfänglich. Die Steuerung über Tageslänge stellt sicher, dass sich die betreffenden Stücke zeitlich synchronisieren. Erfolgt der Beschlag im Sommer nicht, kann es im Winter zu einer Nachbrunft kommen. Die Zahl der im Winter beschlagenen Ricken liegt jedoch lediglich im niedrigen einstelligen Bereich.

Manche Ricken wandern regelmäßig weit, um sich fernab des eigenen Einstandgebiets von einem Bock beschlagen zu lassen.

01

02

VERSCHIEDENE WEGE ZUM ERFOLG

An meiner Lieblingswiese unweit unseres Hofes beobachtete ich einmal einen starken Bock, der einen schwächeren Konkurrenten verfolgte und ihm unmissverständlich klarmachte, wer hier Herr des Hauses ist. Auch in der seinerzeit unmittelbar bevorstehenden Brunft würde der geringere Bock kaum in der Lage sein, dem Revierinhaber die Stirn zu bieten. Ich fragte mich daher, ob es ihm gelingen könnte, sich einen Beschlag zu „erschleichen". Denkbar war es. Grundsätzlich werden von Böcken nämlich in Abhängigkeit von Alter, körperlichem Zustand und Habitatbedingungen unterschiedliche Strategien und Taktiken eingesetzt, um erfolgreich zu sein.

Im Tierreich bestimmt der Fortpflanzungserfolg alles Handeln. Erfolg bemisst sich dabei allein in der Weitergabe eigener Gene. Energie wird bestmöglich investiert, um sich effektiv fortzupflanzen.

Die Wege, d. h. Lebenslaufstrategien, dies zu erreichen, unterscheiden sich dabei auch innerhalb einer Art. Im Ringen um Fortpflanzungserfolg werden dabei auch scheinbar ungewöhnliche Verhaltensweisen angewendet. Bis vor einiger Zeit wurde abweichendes Verhalten dabei sogar als abnorm eingestuft – heute weiß man, dass dahinter System steckt. Denn alles folgt gewissen Regeln, die zu erkennen dem Jäger hilft, die Logik der Natur besser zu verstehen.

FORTPFLANZUNGSERFOLG VERSUS WACHSTUM

Die individuelle Lebenslaufstrategie hängt stark von den gegebenen Umweltbedingungen ab. Sind die Lebensraumbedingungen günstig, ist es für alle Böcke vorteilhaft, sofort in das Geweihwachstum zu investieren. Bei ungünstigen Nahrungsbedingungen und unter natürlichen Gegebenheiten ist es vorteilhaft, eher in Körperwachstum als in das Geweihwachstum zu investierten. Dadurch sinkt zwar der kurzfristige Fortpflanzungserfolg, die Überlebenswahrscheinlichkeit wird jedoch erhöht, und diese Böcke können später erfolgreich sein. Umgekehrt haben Böcke, deren Strategie darin besteht,

01 *Erfolgreiche Fortpflanzung – um nichts anderes geht es im Tierreich.*

02 *Energie in ein starkes Geweih zu investieren, erhöht v. a. in kopfstarken Rehwildpopulationen die Fortpflanzungschancen der Böcke.*

schnell ein großes Geweih aufzubauen, zunächst eine erhöhte Fortpflanzungschance, ihr Mortalitätsrisiko wächst gleichzeitig überproportional an.
Da in unseren Rehpopulationen ein starker Druck herrscht und das Durchschnittsalter gering ist, werden die meisten Böcke sofort in das Geweih investieren, weil sich damit ihre Fortpflanzungschancen vergrößern.

EXKURS SPERMIENKONKURRENZ

Böcke haben ihre Geweihe entwickelt, um in ritualisierten Kommentkämpfen um ein Territorium zu ringen, das ihnen dann Zugang zu Weibchen verschafft. Das Ringen um die erfolgreiche Fortpflanzung endet im Tierreich damit jedoch noch längst nicht – es existieren außerdem verschiedene „Techniken", um Widersacher im Wettkampf um Genweitergabe möglichst auszuschalten. Spermakonkurrenz ist dabei eine nicht selten vorkommende Methode.
Auch wenn darüber beim Reh noch nicht viel bekannt ist, zeigen Beispiele anderer Tierarten, dass die Auseinandersetzung buchstäblich bis zur letzten Sekunde, d. h. Befruchtung geführt wird: Einige Spezies besitzen bewegungsunfähige Spermien, die eine Art Barriere für andere Spermien darstellen. Andere arbeiten sogar mit Giftstoffen, um die Spermien der Konkurrenten zu eliminieren. Wieder andere versuchen, durch spezielle Organe die Spermien der Konkurrenz wieder herauszubefördern. Manche Arten gehen noch weiter: So entwickeln Ameisen und Bienen Sekrete, die fremde Spermien schädigen und damit den eigenen Keimzellen einen Vorteil verschaffen.

Ausgefuchst: Ameisen können mittels Sekreten fremde Spermien schädigen.

ERSTE REPRODUKTION

Bei weiblichen Stücken ist der Zeitpunkt der ersten Fortpflanzung ein wichtiger Meilenstein in der Lebenslaufstrategie. Dieser Zeitpunkt wird natürlich nicht aktiv bestimmt, sondern ist vielmehr Ausdruck verschiedener natürlicher Variationen. Sowohl eine frühe als auch eine späte erste Reproduktion bieten jeweils individuelle Vor- und Nachteile.

Einen entscheidenden Einfluss auf die Reproduktion übt die Populationsdichte aus. So kann es bei sehr hohen Rehwilddichten der Fall sein, dass Schmalrehe nicht oder seltener aufnahmefähig werden, während sie bei normalen Populationsdichten in aller Regel an der Brunft teilnehmen und auch beschlagen werden. Diese Feststellung ist so zu interpretieren, dass unter ungünstigen Lebensbedingungen zunächst in das eigene Körperwachstum und anschließend erst in die Reproduktion investiert wird.

HOHE REPRODUKTIONSRATE

Neben dem Zeitpunkt der Fortpflanzung spielt auch die Zahl der Nachkommen eine zentrale Rolle im Leben eines Wildtiers.

Je nach Bedingungen kann es auch in diesem Fall günstig sein, sofort in die Reproduktion zu investieren. Dies ist bei uns im Allgemeinen der Fall, denn durch eine straffe Jagd übt man einen Selektionsdruck aus: Den Stücken bieten sich unter solchen Bedingungen nicht viele Gelegenheiten zur Reproduktion. Stücke, die – zufällig – rasch gewachsen sind und schnell in Nachwuchs investieren, sind unter diesen Bedingungen begünstigt. Da weibliches Wild bei uns im Durchschnitt nur zweimal setzt, haben vor allem die Stücke einen Vorteil, die sofort Zwillinge setzen. Diese „Vorwüchsigkeit" wird in der Tendenz dann auch an ihre Nachkommen genetisch weitervererbt. Wichtig ist zu wissen, dass dieser Effekt losgelöst von den sonstigen Lebensraumbedingungen gesehen werden muss.

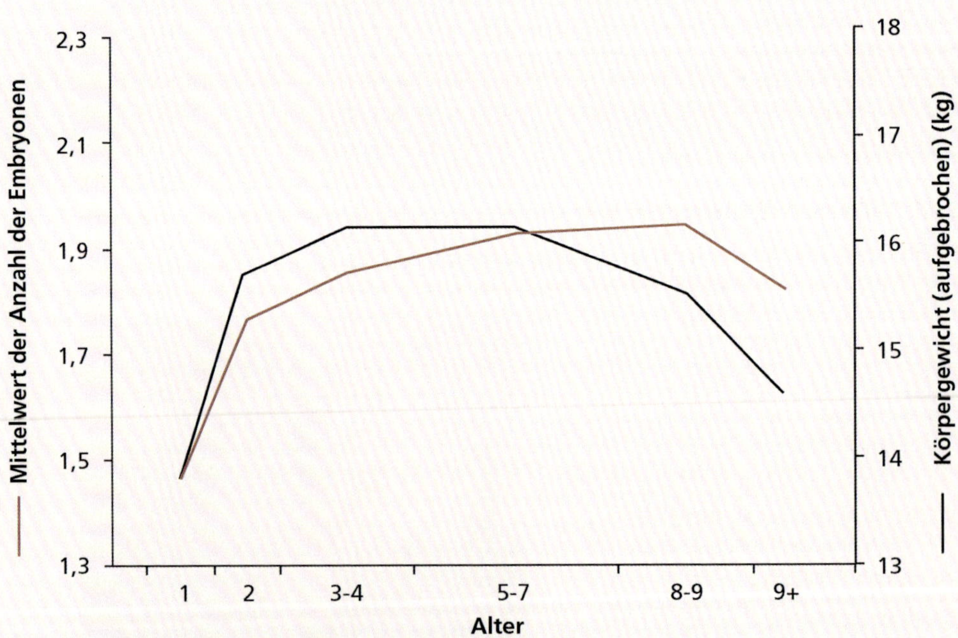

Schmalrehe haben meist nur einen Embryo inne, selten zwei; bei Ricken ist es umgekehrt. Ab neun Lebensjahren geht die Reproduktionsleistung zurück. Dieses Alter erreichen jedoch die wenigsten Ricken (FLAJSMANN et al. 2017).

FORTPFLANZUNG UND GESUNDHEIT

Wie beschrieben, kann schnelles Wachstum in der Jugendphase eine sehr günstige Strategie darstellen.

Französische Forscher untersuchten beim Rehwild, wie sich Wachstum und Immunabwehr gegenseitig beeinflussen und auf die Lebenslaufstrategie auswirken (GILOT-FROMONT et al. 2012). In vorausgegangenen Studien konnte gezeigt werden, dass schneller wachsende Stücke einen höheren Fortpflanzungserfolg aufweisen. Außerdem sind diese Stücke weniger gefährdet, von Prädatoren erbeutet zu werden.

Doch auch die Investition in das Körperwachstum bleibt nicht ohne Negativfolgen – das schnelle Wachstum hat seinen Preis: Die raschwüchsigen Stücke zeigten in der Studie tatsächlich eine leicht herabgesetzte Immunabwehr.

Unter normalen Verhältnissen kam dieser Effekt kaum zum Tragen. In einem der Untersuchungsgebiete herrschten jedoch besonders widrige Umweltbedingungen. Dort setzten sich die Rehe durch, die über ein starkes Immunsystem verfügten. Die Biologen vermuten, dass unter diesen Voraussetzungen die Immunkompetenz ein ausschlaggebender Selektionsfaktor ist und sich dann krankheitsanfälligere Rehe nicht dauerhaft durchsetzen können.

SCHWACH IST NICHT GLEICH CHANCENLOS

Für einen Rehbock ist das oberste Ziel, schnell ein eigenes Territorium zu erobern. Nur damit gelingt es ihm, eine bestimmte Zahl an Ricken – etwa zwei bis vier – für sich zu beanspruchen. Jährlinge und geringe mehrjährige Böcke sind im Allgemeinen zu schwach, um ein eigenes Territorium erobern zu können.

Für den weiter vorn erwähnten schwachen Jährling auf meiner Lieblingswiese – er ist mittlerweile längst meinen Blicken entschwunden – bedeutet das: Den Beschlag eines weiblichen Stückes wird er sich nur „ermogeln“ können. Und der Jüngling wird jede sich bietende Chance nutzen, wenn der Platzbock einmal unaufmerksam ist oder bei einer anderen Ricke steht..

Langsames Körperwachstum erhöht das Prädationsrisiko.

RESSOURCENVERBRAUCH NUR EINMAL MÖGLICH

Wie bei Experimenten u. a. an Blaumeisen herausgefunden wurde, kann die Zahl der Nachkommen sogar einen Einfluss auf den späteren Reproduktionserfolg ausüben. Brütenden Meisen wurden dabei zusätzliche Eier in die Gelege gelegt. Wenig überraschend sank dadurch die Überlebenswahrscheinlichkeit der Jungen. Erstaunlich war dagegen, dass sich die Gelegegröße künftiger Bruten dieser Meisen verringerte: Ressourcen können offenbar nur einmal investiert werden. Diese Regel gilt auch für die Lebenserwartung. Tiere, die in ihrer Jugend viele Nachkommen produzieren, sterben meist auch eher. Bei den sehr langlebigen Albatrossen pflanzen sich z. B. manche Arten nur jedes zweite Jahr fort. Diese Arten werden deutlich älter als die jährlich reproduzierenden Verwandten. Ähnlich wurde dieser Zusammenhang auch beim Rotwild auf der Isle of Rum, einem bekannten schottischen Rotwildforschungsgebiet, nachgewiesen. Danach sinkt die Lebensdauer von Alttieren mit der Zahl der gesetzten Kälber. Vermutlich gilt das aber nur, wenn eine Population unter schwierigeren Umweltverhältnissen lebt.

01

02

Wie genetische Untersuchungen belegen, kann das durchaus eine erfolgversprechende Strategie sein. Sie ist in der Biologie so verbreitet, dass man ihr einen eigenen Begriff widmete: Kleptogamie, der Wortherkunft nach das „Stehlen einer Hochzeit“. Fortpflanzungserfolg im Tierreich ist letztlich immer nur eine Frage der richtigen Taktik. Einen „Plan B“ gibt es also sozusagen auch bei unseren Rehen.

Im Allgemeinen verfolgen die Männchen zwei grundsätzliche Taktiken, um zum Fortpflanzungserfolg zu kommen. Entweder werden Weibchen verteidigt oder Paarungen erschlichen. Interessant ist hier der Blick auf andere Arten: Beim Stierkopfdungkäfer – einer Mistkäferart – existieren zwei verschiedene Männchentypen. Der eine verfügt über hornartige Auswüchse zum Kämpfen, um sich so Zugang zu Weibchen zu verschaffen. Der andere investiert in eine andere Taktik. Er hat keinen Kopfschmuck, sondern entwickelt sehr konkurrenzfähige Spermien in großer Zahl. Entsprechend sind die Hoden dieser Tiere deutlich größer als die ihrer kämpfenden Artgenossen. Gelingt es ihnen, ein Weibchen „abzustauben“, können sie erfolgreich Nachkommen produzieren, auch wenn es zuvor schon eine Kopulation gegeben hat.

01 Nicht immer ist Stärke ausschlaggebend. Ein Beschlag wird mitunter auch „ermogelt“.

02 Anhaltender Frost und Schnee können sich über Äsungsknappheit und verminderte Enegierzufuhr negativ auf die Geweihentwicklung auswirken.

03 Kommen solche „Mickerlinge“ häufig vor, ist das ein recht deutlicher Hinweis auf eine zu hohe Rehwilddichte.

EINFLUSSFAKTOREN GEWEIHENTWICKLUNG

Jetzt im Sommer sind auch die Geweihe der jungen Böcke blank gefegt. Die Alten haben dies schon lange hinter sich gebracht und gerade in der Blattzeit wächst die Spannung auf bisher unbekannte Böcke. Auch wenn den Geweihen heute zu Recht weniger Gewicht als in früheren Zeiten beigemessen wird, ist die Faszination dafür ungebrochen. Eine in diesem Zusammenhang immer wieder diskutierte Frage widmet sich der Geweihstärke und ihrem Zustandekommen.

03

WITTERUNG

Das Schieben des Bockgehörns findet besonders bei älteren Böcken ausschließlich im Winter statt. Das im Wachstum befindliche Gehörn kann damit zumindest phasenweise sehr kalten Temperaturen ausgesetzt sein. Nicht selten hört man Jäger deshalb auch darüber spekulieren, dass es nach einem strengen Winter eigentlich gar keine starken Böcke geben könne.
Wertet man die verschiedenen dazu durchgeführten Untersuchungen aus, bereitet die Interpretation der teilweise einander widersprechenden Ergebnisse Schwierigkeiten. Im Hinblick auf den Faktor Temperatur ist jedoch allgemein zu beobachten, dass anhaltend starke Frostperioden im Januar und Februar das Wachstum des Gehörns negativ beeinflussen können. Die Situation kann sich bei entsprechenden Schneelagen verschlimmern, da die nahrungsbedingte Energiezufuhr für den Gehörnaufbau dann unter Umständen beeinträchtigt ist. Der Faktor Sonne bzw. die Anzahl der Sonnentage – insbesondere im Januar – hat einen positiven Einfluss auf das Geweihwachstum. Auch dieser Effekt ist besonders ausgeprägt, wenn die sonstigen Bedingungen ungünstig sind.
Allgemein lässt sich jedoch konstatieren, dass der Witterungseinfluss wohl überschätzt wird. Rehe haben sich über Jahrtausende an die widrigen Verhältnisse in dieser Jahreszeit angepasst und entsprechende Strategien gefunden, damit umzugehen.
Neben der direkten Wirkung kann die Witterung allerdings auch durch ihren Einfluss auf die Vegetation das Wachstum eines Gehörns beeinträchtigen. Zum Beispiel können besonders trockene Jahre zu einer schlechten Vegetationsentwicklung führen und die daraus resultierenden ungünstigen Äsungsbedingungen Konsequenzen für die Kondition des Wildes und so auch der Heranreifung starker Trophäen haben. Auf den besonderen Einfluss der Äsung möchte ich jedoch erst später eingehen.

POPULATIONSÖKOLOGIE

Ein entscheidender Faktor für hohe Gehörngewichte in einer Rehwildpopulation sind die populationsökologischen Bedingungen. Während Altersklassenaufbau und Geschlechterverhältnis vermutlich einen relativ kleinen Einfluss auf die Population ausüben, kommt der Wilddichte eine ungleich höhere Bedeutung zu. Ist diese überhöht oder befindet sich sogar im Grenzbereich des Tragbaren, kommt es zu „sozialem“ Stress. Die Kontakte der Stücke untereinander steigen. Böcke sind dadurch gezwungen, ihre Territorien stärker und häufiger zu verteidigen. Darüber hinaus kommt es zu erhöhtem Krankheitsdruck.

All dies führt zu einer verschlechterten Kondition der Tiere, und das schlägt sich auch in abnehmenden Gehörngewichten nieder. Im Wildforschungsgebiet Hakel wurde in einem diesbezüglichen Versuch die Dichte von 1 Stück/100 Hektar Jagdfläche auf 20 Stück/100 Hektar gesteigert. Folge war ein deutlicher Anstieg gestreckter Knopfböcke, die es zuvor dort überhaupt nicht gegeben hatte (STUBBE 2008).

Hier hat der Jäger die Möglichkeit, durch eine entsprechende Entnahme gegenzusteuern. Trotz Zahl- vor Wahlabschuss spricht nichts dagegen, starke Jährlinge zu schonen. Denn ein gut veranlagter Bock wird in der Regel ein Leben lang gute Gehörne schieben.

EINFLUSSMÖGLICHKEITEN DES JÄGER

Die Entwicklung eines Rehgeweihs wird durch viele Größen bestimmt, deren jeweiliger Anteil sich schwer beurteilen lässt. Eine Reihe an Faktoren kann der Jäger ohnehin nicht direkt beeinflussen: Die meteorologischen und geologischen Verhältnisse eines Gebietes sind genauso unveränderbar wie das genetische Potenzial einer Population. Für eine angepasste Rehwilddichte als wichtigsten beeinflussbaren Faktor kann der Jäger hingegen sorgen. Die Schaffung von Äsungsflächen und Ruhe im Revier sind weitere Punkte, auf die zumindest in Teilen hingewirkt werden kann. Der letzte Satz ist schnell geschrieben und noch schneller gesprochen, aber einen Spaten hat davon noch niemand in der Hand. Reviergestaltung ist mit echtem Aufwand verbunden, den die wenigsten wohl tatsächlich auf sich nehmen. Dank der ökologischen Vorrangflächen eröffnen sich aber Möglichkeiten, Flächen mit Landwirten gemeinsam zu entwickeln

DER STANDORT

Auch bei Rehen gilt: „Du bist, was du isst.“ Wissenschaftlich gesichert ist, dass die Äsungsverhältnisse einen signifikanten Einfluss auf die Stärke eines Bockgehörns ausüben. Dies wurde z. B. über Fütterungsversuche zweifelsfrei dokumentiert. Bei Versuchen im nordböhmischen Wildgatter Schneeberg in den 1930er-Jahren wurden durch erhöhte Energiezufuhr Steigerungen des Aufbruchsgewichts von 15 auf 25 Kilogramm festgestellt, gleichzeitig kam es zu einem Anstieg des Gehörngewichts von etwa 200 bis 300 Gramm auf 650 bis 700 Gramm.

Da die natürlicherweise vorhandene Äsung in hohem Maße durch die Bodenfruchtbarkeit bestimmt wird, hat der Standortfaktor zweifellos einen Einfluss auf die Körpermasse und damit auch auf die Gehörnqualität – auf einem wildbretschwachen Bock kann sich kein starkes Gehörn entwickeln. Durch die günstigere Florenzusammensetzung kommt es auf bevorteilten Standorten zu einer besseren Äsungsqualität und -quantität. Vergleicht man karge Kiefernwälder mit einem Schwarzerdestandort einer Flussaue, dann wird dieser Zusammenhang deutlich.

Günstigere Standorte haben dabei zwei Effekte: Zum einen wird eine höhere Bereitstellung der zum Gehörnaufbau nötigen Mineralien (Phosphor, Kalk) gewährleistet. Zum anderen wird durch die bessere Äsung ein höheres durchschnittliches Körpergewicht erreicht. Der Bock kann unter diesen Umständen mehr in sein Gehörn investieren.

Letztlich entscheidet aber nicht allein die Fruchtbarkeit des Bodens. Nach einer neuen ungarischen Studie wurden auch Bedeckungsgrad und Bewirtschaftungsform als ebenso wichtige Kriterien identifiziert. Je nach Habitatbedingungen kann es grundsätzlich auch auf schlechteren Böden gute Rehwildbiotope geben. Umgekehrt kann auch ein sehr fruchtbarer Boden rehwildunfreundlich sein, wenn es sich um eine weitgehend ausgeräumte Agrarsteppe handelt.

Das solche Kiefernstandorte dem Rehwild weniger Äsung bereitstellen ...

... als ein Auwald, leuchtet ein.

Es ist unbestritten, dass auch erbliche Faktoren eine Rolle bei der Entwicklung der Rehbockgehörns spielen; zu welchen Anteilen, wird unterschiedlich beurteilt.

GENETISCHE FAKTOREN

Körperliche Merkmale eines Individuums werden durch ein oder mehrere Gene reguliert. Diese stammen je zur Hälfte von Ricke und Bock. Demzufolge nimmt auch die Ricke Einfluss auf die Gehörnentwicklung. Durch die Kombination von mütterlichen und väterlichen Anlagen kommt es zu einer immer neuen Mischung der Merkmale, woraus sich die genetische Variabilität einer Population ergibt.

Auch das Gehörngewicht innerhalb einer Population kann in Abhängigkeit von den genetischen Konstellationen erheblich schwanken. So wurde in einer ungarischen Studie der Einfluss des Faktors Vererbung auf die Gehörnentwicklung mit 20 Prozent beziffert! Andere Autoren schätzen das Erbgut noch vor allen anderen Umweltparametern sogar als die wichtigste Größe ein.

Welchen Einfluss die Qualität des Genpools besitzt, wird allein schon bei einem Vergleich verschiedener Rehlinien deutlich. Böcke des Wildforschungsgebiets Spree erreichten trotz schlechterer Bedingungen stets bessere Gehörne als die des Hakelwaldes (STUBBE 2008).

AUFWAND UND ERTRAG

Einem Bock bringt ein starkes Gehörn nachweislich einen höheren Fortpflanzungserfolg. Warum werden dann die Geweihe nicht von Generation zu Generation immer größer? Dies liegt an einer „Gegenselektion", denn je größer die Geweihe, desto größer sind der Aufwand für ihre Produktion und die generellen Nachteile, damit zu leben.

ALLOMETRISCHES WACHSTUM

Beim Rehwild gilt ungeachtet zum Teil erheblicher individueller Schwankungen die Faustformel, dass ein Bock mit einem Aufbruchgewicht von elf Kilogramm ein Geweih von 150 g produzieren kann; ein Bock von 22 kg Gewicht aufgebrochen ein doppelt so schweres. Die lineare Beziehung dieser beiden Größen zueinander wird in der Biologie als Allometrie oder allometrisches Wachstum bezeichnet.

In einem umfangreichen Versuch, an dem sich 764 Reviere beteiligten, sollte unabhängig vom Alter der jeweils stärkste Bock geschossen werden. Das Ergebnis der Verteilung ist in der Abbildung zu sehen. Die Geweihe kulminieren demnach im Alter von drei bis vier Jahren. Das Wissenschaft auch einander widersprechende Ergebnisse produzieren kann, wird in einer Vergleichsstudie deutlich. Dort untersuchte man die Geweihstärke von Rehböcken in den drei baltischen Ländern (BALCIAUSKAS et al. 2017). Das Ergebnis: Wo man die Böcke fünf Jahre und älter werden ließ, waren sie auch signifikant stärker.

IMMER GRÖSSERE GEWEIHE?

Könnte man die Reproduktion von Rehen züchterisch planen, wäre eine rechnerische Erhöhung der Geweihmasse um etwa 0,2 % und Jahr möglich (BREM 1983). Sie ist also nicht nur biologisch unmöglich, sondern auch im praktischen Jagdbetrieb eine Illusion. Jagd kann nachweislich keine Änderungen der genetischen Ausgangspopulation im züchterischen Sinne gewährleisten. Wir sollten akzeptieren, dass die Evolution keine Fehler macht und unsere Rehe so annehmen, wie sie sind.

Tatsächlich herrschen in bejagten Rehpopulationen verschiedene Arten des Selektionsdrucks. Eine Form kann für Böcke beispielsweise dadurch entstehen, dass sie, den Gesetzen der Evolution gehorchend, schnell ein starkes Geweih schieben, weil dies nachweislich ihren Fortpflanzungserfolg erhöht. Wird dann stark trophäenorientiert gejagt, fallen gerade solche Geweihträger dem Abschuss zum Opfer.

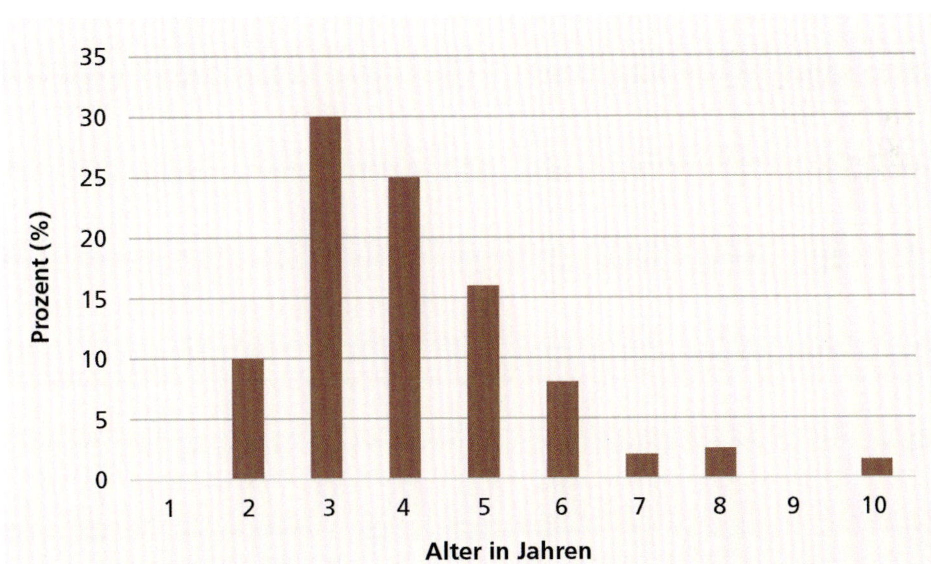

Verteilung der stärksten Böcke aus 764 Jagdrevieren nach Alter (STUBBE 2008)

JAGD & MANAGEMENT

Auch im Sommer ist die Kenntnis der Aktivitätsphasen unserer Rehe ein wichtiger Garant für erfolgreiches Jagen. Nachdem die Frühjahrsjagd nun schon einige Wochen zurückliegt, ist jetzt etwas Rehruhe in den Revieren eingekehrt.

INTERVALLJAGD

In den ersten Sommerwochen ist die Rehwildjagd außerordentlich schwierig. Der alte Spruch „zu Peter und Paul (Ende Juni) werden die Böcke faul" hat bis heute nichts an Aktualität eingebüßt. Denn die Aktivität der Rehe ist jetzt heruntergefahren und damit natürlich auch ihre Beobachtbarkeit. Diese wird zusätzlich eingeschränkt, da die Vegetation nun in vollem Saft steht. Das Verhältnis von Ansitz zu Erfolg ist aus den genannten Gründen deutlich herabgesetzt und eine jagdliche Pause ist daher gerade in den Wochen vor der Blattzeit zweckmäßig.

JAGDINTERVALLE SIND EFFIZIENT

Generell empfiehlt sich eine Rehwildbejagung, die mit Intervallen arbeitet. Abgesehen von dem Vorteil wiederkehrender Ruhephasen für das Wild ist diese Strategie auch aus rein jagdlicher Sicht effizienter, denn Rehe reagieren auf jagdliche Eingriffe (BENHAIEM et al. 2008). Ihr sogenanntes Vigilanzverhalten, d. h. Gefahrenbewusstsein und Wachsamkeit, erhöht sich und auch die aufgesuchten Äsungsplätze werden als direkte Reaktion verändert. Lässt man zwischen den Jagdphasen ausreichende Zeit der Ruhe, „normalisiert" sich das Verhalten und die Rehe werden wieder vertrauter. OBERMAIR et al. (2014) konnten nachweisen, dass eine mehrwöchige Jagdruhe vor der Brunft dazu führt, dass zuvor gemiedene Äsungsflächen wieder aufgesucht wurden.
Gleichzeitig erscheint es sinnvoll, den Jagddruck räumlich zu variieren und alternative Jagdplätze zu schaffen (SANDFORT 2019). Nachweislich werden in Intervalljagdbereichen unter dem Strich mehr Rehe erlegt, als dies bei dauerhaftem Jagdbetrieb der Fall ist. Als günstig hat es sich erwiesen, in einzelnen Revierbereichen zwei bis drei Wochen intensiver Jagd mit vierwöchiger Jagdruhe abzuwechseln. Durch Intervalljagd steigt die Effizienz, wovon Jäger und Wild gleichermaßen profitieren.

TIPP

Auch wenn der Sommer bezüglich der Rehaktivität deutlich ruhiger ausfällt, kann ein Regen die Situation kurzzeitig deutlich verändern. Im Anschluss an Regen kommt für eine gewisse Zeit wieder deutlich mehr Bewegung in die Böcke.

RÄUMLICHE SCHWERPUNKTE SETZEN

Zudem ist es auch sinnvoll, in Schwerpunktzonen des Reviers zu jagen, wobei das Augenmerk naturgemäß auf für Verbiss sensiblen Bereichen liegt. Auch der nicht erfolgreiche Ansitz leistet hier einen Beitrag, da er passiv dabei hilft, Wild von diesen gefährdeten Flächen fernzuhalten (s. S. 117). Oft sind solche Flächen über mehrere Jahre hinweg Bereiche,

Ein Wechsel aus Phasen intensiver Jagd und jagdlichen Ruhephasen ist effizienter und mehr im Sinne des Rehwilds als monotone Dauerbelagerung des Jagdreviers.

Weißtannenverjüngung in einem Fichtenbestand: An solchen Stellen kann der Jäger Bejagungsschwerpunkte setzen.

die im jagdlichen Fokus stehen, bis die Bäume aus dem Äser gewachsen sind.
Räumliche Schwerpunktbejagung entlastet Waldverjüngungsflächen aber nicht einfach nur, sondern ist im Grunde auch die einzige realistische Möglichkeit, eine Fläche effektiv vor Verbiss zu schützen. Wollte man dies nämlich über eine generelle Absenkung der Dichte erreichen, müsste man das Rehwild auf unter ein Stück pro 100 ha Waldfläche reduzieren (HESPELER 1989). Ein Vorhaben, welches niemals gelingen kann und auch nicht darf.
Rehe durch Bejagung zu lenken, hat letztlich einen positiveren Einfluss auf die Waldentwicklung, als schieren Abschusszahlen nachzuhängen. Dies setzt jedoch auch die wirkliche Bereitschaft voraus, an gefährdeten Flächen zu jagen – an ihnen wird die Beobachtbarkeit und der Erfolg ggf. geringer sein als an offenen Äsungsflächen.

TIPP
Legen Sie auf oder in der Nähe von verbissgefährdeten Flächen keine Salzlecken an, denn wir wollen das Rehwild ja nicht noch aktiv dorthin locken. Verlegen Sie umgekehrt Schwarzwildkirrungen nicht auf Waldlichtungen oder in andere verbissunempfindliche, aber für das Rehwild interessante Äsungsbereiche, sondern ins lichte Altholz. Das reduziert die jagdlichen Störungen für das Rehwild, denn auf diesen Flächen „darf" es sein.

CHANCEN UND GRENZEN

Wie deutlich man sich bezüglich der Potenz eines Revieres täuschen kann, soll ein kleines Fallbeispiel veranschaulichen. Der betreffende Jagdbezirk liegt in Rheinland-Pfalz im Staatsforstamt Hochpochten und weist eine Größe von ca. 600 ha auf. Aus den Streckenaufzeichnungen geht hervor, dass dort in den 1980er-Jahren etwa fünf Stück Rehwild pro 100 ha zur Strecke kamen (FOHL 2023).

Anfang der 1990er-Jahre kam es zu personellen Veränderungen bei der Revierbetreuung und damit einhergehend einer Umstellung der Jagdstrategie. Innerhalb von drei Jahren steigerte man den Abschuss auf über zehn Rehe je 100 ha. Gegen Ende der 1990er- bzw. Anfang der 2000er-Jahre wurden regelmäßig über 15 Stück/100 ha realisiert. Die Strecken konnte auch in den Folgejahren weiter gesteigert werden, sodass regelmäßig über 20 Stück/100 ha geschossen wurden – die Höchststrecke in diesem Revier betrug nahezu 25 Stück/100 ha.
Natürlich muss an dieser Stelle betont werden, dass es sich um ein Revier handelt, in dem Rehe beste Lebensraumbedingungen vorfinden. Sicher muss auch erwähnt werden, dass die Verhältnisse allein aufgrund der geringen Fläche nicht repräsentativ oder gar zu verallgemeinern sind. Doch eines zeigt das Beispiel gewiss: Das Potenzial vieler Reviere wird nicht ausgeschöpft. Im Ergebnis wurde die Strecke dauerhaft um den Faktor vier angehoben. Ein Zeichen, dass sich das Rehwild im Revier wohlfühlt.

OPTIMALE LEBENSRAUM-NUTZUNG

Wo die Habitatkapazität eines Lebensraumes im Einzelnen liegt, lässt sich nur durch gezielte Untersuchungen beantworten. Erstaunlich ist aber, welche Rehdichten möglich sind. Die höchste mir bekannte in freier Natur nachgewiesene Wert war mit 73 Stück/100 ha (FLAJSMANN et al. 2018) der schon von ELLENBERG (1974) festgestellten Dichte vergleichbar. Solche Werte können jedoch nur temporär und unter optimalen Bedingungen zustande kommen. Ich vermute aber, dass in potenten Rehwildrevieren Dichten von bis zu 35, vielleicht sogar 40 Stück/100 ha möglich sind.

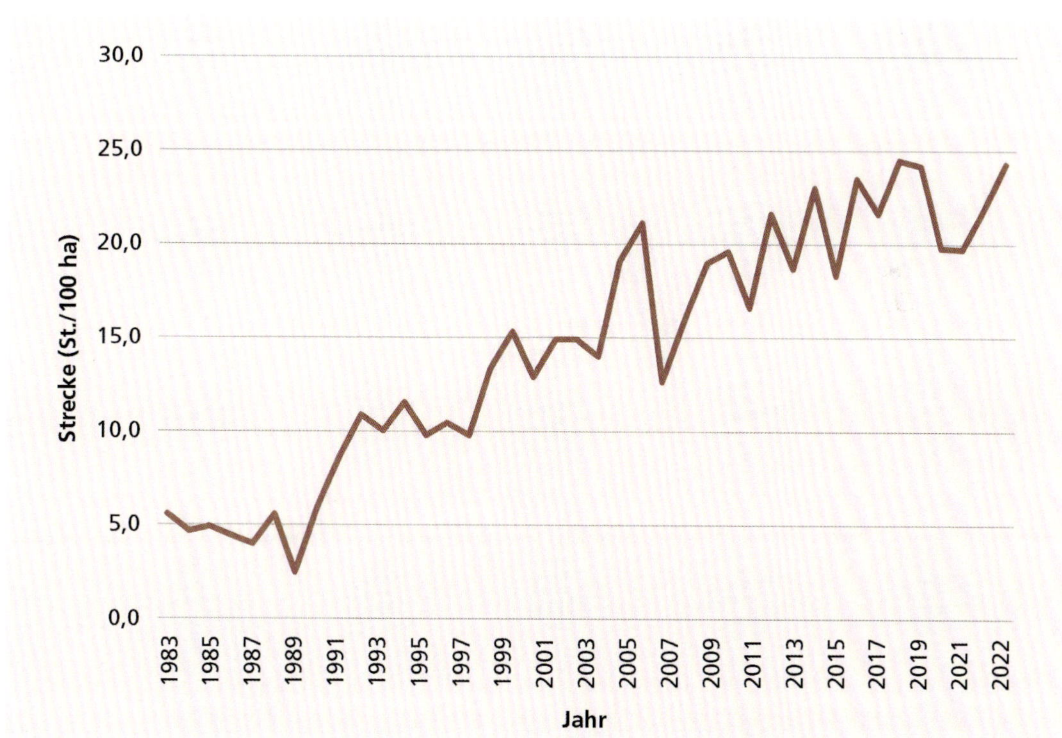

Abschussentwicklung in einem rheinland-pfälzischen Jagdbezirk von 1983 bis 2022

STRECKENDOKUMENTATION – DAS A UND O

Um die Situation im eigenen Revier beurteilen zu können, helfen langjährige gewissenhafte Streckendokumentationen. Die Kriterien für den praktischen Jäger heißen Durchschnittsgewichte und Reproduktionsstatus. Auch wenn es an anderer Stelle schon einmal geschrieben steht: Achten Sie auf möglichst hohe Gewichte und Zwillingsgeburten. Sie sind der beste Indikator für den Jäger. Wichtig ist aber eben auch, dass Sie Ihren eigenen Jagderfolg nicht durch falsche Zurückhaltung schmälern. Dies soll und darf nicht als Feldzug gegen unsere Rehe verstanden werden. Im Gegenteil – Rehe sollen sich wohlfühlen.

HEISSE BRUNFT

Die Blattzeit gehört zweifellos zu den spannendsten und aufregendsten Phasen des Jagdjahres. Dies wird für nahezu alle Jäger gelten. Doch trotz der Omnipräsenz des Rehs sind nicht alle Vorgänge in der hohen Zeit dieser Spezies bis heute restlos aufgeklärt. Und so entbrennen besonders unmittelbar vor der Brunft regelmäßig Diskussionen unter Jägern, nicht zuletzt über die richtige Blattjagdstrategie.

BLATTZEIT IST NICHT GLEICH BRUNFT

Zunächst muss dabei einmal klargestellt werden, dass die Blattzeit nicht der Brunft entspricht. Denn die Blattzeit ist die Phase der Brunft, in der die Böcke aufs Blatt springen. Blattzeit ganz einfach deshalb, weil man früher noch Blätter (oft Buche oder Flieder, aber auch Gräser) zum Blatten verwendete. Die eigentliche Blattzeit umfasst etwa die letzten zehn Tage der Brunft und beginnt Anfang August. Es ist die Phase, in der die Zahl brunftiger Ricken und Schmalrehe deutlich abgenommen hat. Die Böcke reagieren jetzt wesentlich besser auf das Blatten des Jägers, denn solange sie in

Die Böcke treiben, das Jägerherz schlägt höher. Das Blatten ist allerding nur phasenweise erfolgversprechend.

den Tagen davor bei einem aufnahmefähigen Stück stehen, wird sie auch kein noch so gut nachgeahmter Fiep dazu bewegen, sich von ihm zu entfernen. Hier mag der Kitzfiep (s. S. 76) Erfolg bringen.

Mit dem Blatter kann man aber auch zu Beginn der Brunft erfolgreich sein. Denn auch zu diesem Zeitpunkt ist die Zahl brunftiger Stücke gering und ich hatte in dieser Phase schon oft Glück mit dem Rehruf. Zum Rüstzeug eines erfolgreichen Blattjägers gehört neben den handwerklichen Fähigkeiten mit dem „Instrument" auch, mit den Gewohnheiten des Rehwildes vertraut zu sein. Sich mit seiner Biologie zu beschäftigen, lohnt sich also allemal. Auch deshalb, weil nicht alles, was uns unsere Großväter einmal dazu beibrachten, heute noch der wissenschaftlichen Überprüfung standhält.

GUTE BÖCKE VOR DER BRUNFT

So wuchs zumindest ich mit der These auf, dass gute Böcke keinesfalls vor der Blattzeit erlegt werden dürften. Schließlich sollten sie die Gelegenheit bekommen, ihre guten Anlagen in die nächste Generation zu überführen. Da auf einem Landwirtschaftsbetrieb großgeworden, schien mir der Zusammenhang zunächst einleuchtend, denn mit dem Vieh verfuhr man ja ähnlich. Doch mit der Zeit kamen Zweifel an der Richtigkeit dieser Annahme auf.

Heute weiß man aber wie gesagt, dass eine Selektion im Sinne einer züchterischen Auswahl unmöglich ist, Selektionsabschüsse also keinen nennenswerten Effekt auf die Kondition der Böcke ausüben – was selbstverständlich nicht als Aufruf zu einem wahllosen Abschuss aufgefasst werden soll. Es sind aber dennoch vielmehr die grundsätzlichen Lebensumstände, welche die Qualität eines Bestandes beeinflussen. So können wir Jäger darauf achten, dass sich Rehe wohlfühlen. Angepasste Dichten sind dabei der zentrale Schlüssel. Denn sie bedeuten weniger Stress und bilden die Grundlage für gesunde Populationen und starkes Wild.

„Das Reh ist des Rehs größter Feind." Angepasste Dichten sind ein Wohlfühlfaktor und ein „Reproduktionstreiber".

Einstandskämpfe werden zwischen Rehböcken selten ausgetragen.

ERFOLGSGARANT EIGENES TERRITORIUM

Nachdem die Rehböcke ihre Reviere im Frühjahr erobert haben, versuchen sie, diese im Sommer zu behaupten. Denn der Besitz eines eigenen Territoriums ist in puncto Fortpflanzung ihr wichtigster Erfolgsgarant. Genetische Untersuchungen haben zweifelsfrei gezeigt, dass sich die Zahl der Vaterschaften damit signifikant erhöht. Folgerichtig kommt es im Ringen um ein eigenes Revier auch zu Auseinandersetzungen zwischen den Konkurrenten.

HOEM et al. (2007) untersuchten 139 aggressive Interaktionen zwischen rivalisierenden Böcken. Die meisten dieser Kämpfe endeten ohne körperlichen Kontakt. In sieben Fällen kam es jedoch zu einem Kampf. Die Wahrscheinlichkeit eines Geweihkampfs war umso größer, je geringer der Unterschied zwischen den Gehörnen war. In 81 % der Fälle siegte der territoriale Bock. Bemerkenswert ist wie erwähnt, dass der Revierbesitzer selbst im Falle einer Niederlage niemals gleichzeitig auch sein Revier verlor. Ist ein Territorium also erst einmal durch einen Bock besetzt, wird er es kaum wieder verlieren.

Ältere Böcke, die nach wie vor ein Revier ihr Eigen nennen, investieren überproportional viel in ihr Gehörn. Geweihe spielen für die Monopolisierung eines Territoriums offenbar auch bei dieser Art eine herausragende Rolle. Durchschnittlich können Reviere bis zum Lebensalter von sieben Jahren behauptet werden.

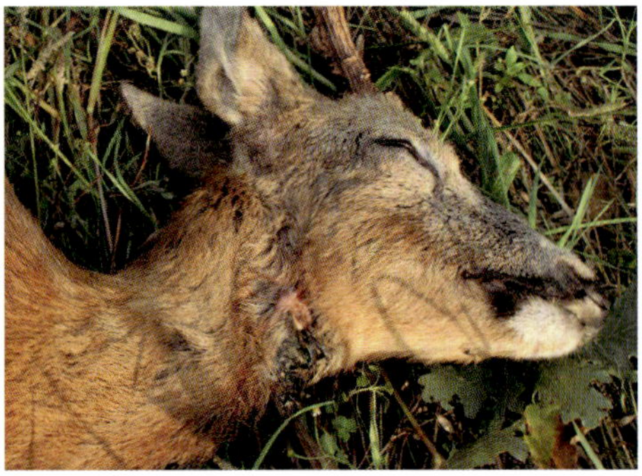

Kommt es doch zum Kampf, können in seltenen Fällen auch böse Forkelverletzungen die Folge sein.

Die Brunft beginnt. Schmalrehe sind in der Regel vor den Ricken brunftig.

OHNE REVIER DIE GERINGSTE CHANCE NUTZEN

Während Platzböcke auch zur Brunft eine starke Bindung an das eigene Territorium zeigen und sie ihr Revier in dieser Zeit im Wesentlichen nicht verlassen, sind revierlose Böcke jetzt sehr umtriebig. Auf der Suche nach einem Beschlag ziehen diese jetzt unstet und teilweise weitab ihrer eigentlichen Streifgebiete durch die Landschaft. Auf das Blatten des Jägers stehen sie viel schneller zu als Platzböcke. Der Grund dafür ist einfach: Sie sind nicht sonderlich erfolgreich und müssen jede auch noch so kleine Chance nutzen.

REPRODUKTION UND LEBENSALTER

In einer französischen Untersuchung analysierte man in diesem Zusammenhang den Reproduktionserfolg in Abhängigkeit vom Alter der Böcke. Wie weiter vorn erwähnt, stellte sich heraus, dass sich Böcke erst ab dem Alter von drei Jahren wirklich erfolgreich an der Brunft beteiligen. Erst dann können sie mehrere Ricken für sich beanspruchen. Ihre Reviere sind dabei im Durchschnitt doppelt so groß wie die der Ricken. Obwohl sie mit gut einem Jahr bereits geschlechtsreif sind, kommen junge Böcke nur sehr selten zu Beschlägen. Nur etwa 15 % der Beschläge gehen auf das Konto von Jährlingen (VANPE et al. 2009).

Interessant ist, dass der Fortpflanzungserfolg erst ab dem Alter von neun Jahren wieder spürbar nachlässt. Diese alten und zurücksetzenden Böcke sind nicht mehr in der Lage, ihre Reviere gegen jüngere Eindringlinge zu verteidigen. Ihnen bleibt – ähnlich wie den Jährlingen – nur (noch) die Rolle des Abstaubers. Der älteste beschlagende Bock in dieser Studie war allerdings immerhin zwölf Jahre alt.

WER INITIIERT DIE BRUNFT?

Der Eisprung der Ricken erfolgt ca. zehn Wochen nach dem Setztermin des letzten Kitzes (ELLENBERG 1978).

Je nachdem, wie das Wetter im Winter bzw. Frühjahr war, kann es zu Verschiebungen

des Kitzsetztermins und in der Folge auch des Brunftbeginns kommen.
In der Regel wird das Einsetzen der Brunft von den Schmalrehen initiiert. PLARD et al. (2014) fanden heraus, dass sie im Mittel fünf Tage eher brunftig werden als Ricken. Nicht selten sieht man Böcke deshalb zu Beginn der Brunft bei einem gut einjährigen weiblichen Stück stehen. Dass Schmalrehe deshalb vor der Brunft jedoch zurückhaltend bejagt oder sogar komplett geschont werden sollten, ist nicht erforderlich. Böcke werden deshalb nicht unsichtbar. Im Gegenteil ist es sogar nachteilig, wenn zur Brunft ein zu großer Überhang an weiblichen Stücken besteht. Diese binden gewissermaßen die Böcke, und die Chance, mit dem Blatter erfolgreich zu sein, reduziert sich entsprechend.

DAMENWAHL

Zur Klärung der Frage, ob bei unserem Rehwild Damenwahl herrscht, wurden die Raumnutzungsdaten von 235 besenderten Rehen verglichen. Wie bereits dargestellt, stellte sich heraus, dass ein erheblicher Anteil der Ricken des Kollektivs zur Brunft kleinere und größere Exkursionen durchführte. Die Auswertung über einen längeren Zeitraum hinweg zeigte, dass es sich dabei um Wanderungen handelte, die die Stücke sonst nicht unternahmen. Manchmal dauerten sie einige Tage, oft auch nur wenige Stunden.
Es stellt sich nun natürlich die Frage nach dem Grund für derartige „Brunftwanderungen", denn Böcke hätte es ja auch in unmittelbarer Nähe gegeben. Verpaarungen im unmittelbaren Umfeld können jedoch aus genetischer Sicht problematisch sein: Sie bergen die Gefahr, auf einen näher verwandten Partner zu treffen. Das aber ist ein Problem, weil nahe miteinander verwandte Rehe oft eine ähnliche Immungenetik besitzen. Hierbei wesentlich mitentscheidend ist der sogenannte Major-Histo-Kompatibilitätskomplex (MHC). Dieser steht für die Fähigkeit des Immunsystems, eine breite Palette von Krankheitserregern zu erkennen und darauf zu reagieren. Lassen sich Ricken nun von weiter entfernten, fremden Böcken beschlagen, steigt die Wahrscheinlichkeit, dass ihre eigenen Immunanlagen ergänzt werden.
Ob ein Bock gut zu ihnen „passt" oder nicht, können sie vermutlich riechen. Unter dem Strich entstehen Kitze, die widerstandsfähiger gegen Krankheiten sind

LIEBESKRANKE BÖCKE

Wie liebeskrank Böcke in der Brunft sein können, wird immer wieder an einzelnen Beispielen deutlich. Ich selbst konnte einmal einen Rehbock erlegen, der sich trotz gebrochenen Hinterlaufes infolge eines Verkehrsunfalls an der Brunft beteiligte. Zumindest reagierte er auf meine Fiepserie und stand zu. Nach der Erlegung konnte dann die Schwere der Verletzung im Einzelnen aufgeklärt werden.
STUBBE (2008) berichtet von einem noch interessanteren Vorfall. An einem Abend während der Blattzeit wurde ein Rehbock beschossen. Wie sich herausstellte, erhielt er einen Laufschuss. Das Verblüffende war, dass jener Bock, bevor er am selben Abend glücklicherweise noch erlegt werden konnte, eine Ricke beschlug. Diese Beispiele verdeutlichen, wie stark sich die Böcke in dieser Zeit im Rausch der Hormone befinden. Aber nicht nur der Testosteronspiegel ist nun deutlich erhöht. Auch die Ausschüttung von Cortisol (Stresshormon) ist nachweislich deutlich stärker (VENTRELLA et al. 2018). Erst Ende August normalisiert sich der Hormonhaushalt wieder.

NACHBRUNFT IM WINTER

Zu Beschlägen kann es auch nach dem eigentlichen Brunftzeitraum kommen, denn ein kleiner Teil der Ricken bzw. Schmalrehe wird nicht im Sommer beschlagen: Etwa drei Prozent der Kitze werden im Winter gezeugt. Möglich macht das die Fähigkeit der Böcke, Samen in den Nebenhoden zu

Das Aufreiten eines Bockes muss nicht immer Beschlag bedeuten. Manchmal ist es nur eine Übersprungshandlung.

speichern. Derartige Beschläge führten früher zu der Annahme, dass die eigentliche Brunft des Rehwildes erst im Winter stattfindet. Diese Vorstellung rührte auch daher, dass sich nach der Brunft im Sommer keine Embryonen nachweisen ließen. Denn in der Phase der Keimruhe ist der Embryo mikroskopisch klein und für das Auge nicht sichtbar. Erst durch Gatterversuche kam man dem Trick der Rehe auf die Schliche.

BLATTEN – WANN, WO UND WIE?

Die Blattjagd ist nicht zuletzt der Höhepunkt im Jahr eines jeden Rehjägers, weil es zu keinem anderen Zeitpunkt so gut möglich ist, alte und sonst nahezu unsichtbare Böcke zu erlegen. Der besondere Reiz liegt aber auch darin, das Geschehen aktiv gestalten zu können: Während der Jäger sonst passiv und abwartend vorgeht, tritt er hier in direkte Interaktion mit den Stücken. Es kommt darauf an, den passenden Ton zur rechten Zeit zu treffen. Das Erlernen dieser Fähigkeit ist keine Hexerei.

AUFREITEN ALS ÜBERSPRUNGSHANDLUNG

Gelegentlich kann man auch in anderen Jahreszeiten das Aufreiten von Böcken beobachten. Dies steht jedoch nicht im Zusammenhang mit Fortpflanzung. Tatsächlich ist davon auszugehen, dass es im Rahmen eines spielerischen Verhaltens zu sehen ist. Bereits im Jugendalter kann man derartige Beobachtungen beim Rehwild machen. Nicht selten ist dieses Verhalten Ausdruck verschiedener emotionaler Zustände. Besondere Anspannung und Erregung gehören z. B. dazu. Es kann aber auch Ausdruck eines Konfliktes zweier einander entgegengesetzter Emotionen sein. In der Verhaltensbiologie ist dies auch als Übersprungverhalten bekannt.

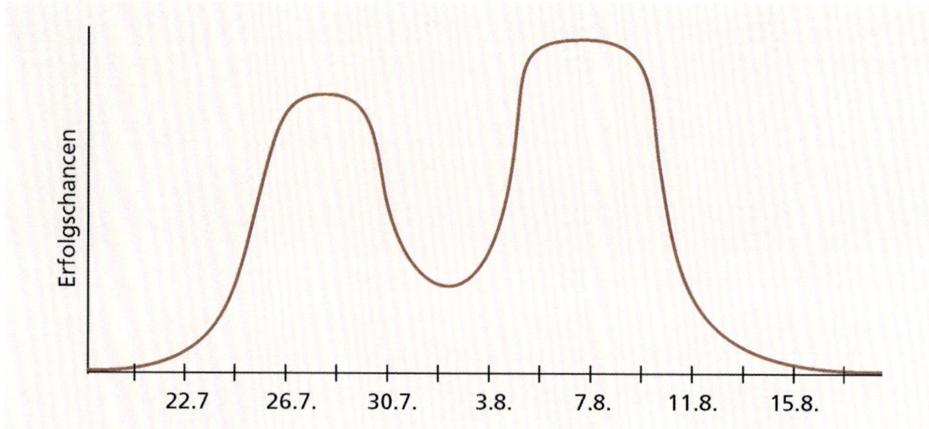

Günstige Blattjagdzeiträume

„HEISSE PHASEN"

Zeitlich lassen sich zwei Zeiträume festlegen, in denen die Blattjagd Aussicht auf Erfolg verspricht. Zum einen natürlich nach der eigentlichen Brunft, denn dann ist die Zahl brunftiger Ricken gering und der Bock wird schneller zum Zustehen animiert. Dieser Zeitraum liegt zwischen dem 3. und 13. August (in den Bergen gut zehn Tage später). Der andere Schwerpunkt liegt vor der eigentlichen Brunft. Die Böcke sind hormonell nun schon auf Reproduktion programmiert und einige wenige Ricken auch schon brunftig, bei der weit überwiegenden Mehrheit ist dies jedoch noch nicht der Fall. Auch diese Situation ist günstig, um es mit dem Blatter zu versuchen. Ich würde den Zeitraum dafür zwischen dem 22. und 27. Juli einordnen. Und generell noch der Rat: Nutzen Sie in den „heißen Phasen" der Blattzeit jeden Tag und jede Stunde.

TIPP

Ist zu viel weibliches Wild im Revier, wird die Blattjagd nur eingeschränkt erfolgreich sein, denn dann sind die Böcke rundum beschäftigt. Mit einer straffen Jagd auf weibliches Rehwild erhöhen sich also die Chancen des Blattjägers.

ALTHOLZ STATT FREIFLÄCHE

Böcke auf ein Feld oder eine offene Fläche zu locken, ist schwierig. Auch in diesem Fall liefert die Biologie die Erklärung, denn der Bock muss die schützende Deckung verlassen. Das bedeutet nicht, dass man einen Bock niemals auf die Freifläche locken kann – die Wahrscheinlichkeit eines Gelingens ist nur nicht sehr groß.

Erfolgversprechender sind Plätze, die sich in einem lichteren Altholz befinden, gute Übersicht gewähren und in der Nähe von Einständen liegen. Machen Sie sich im Vorfeld der Blattjagd Pläne, welche Stellen auch mit Blick auf die Hauptwindrichtung diesbezüglich am günstigsten wären.

WETTER

Um zu entscheiden, welche Wetterlagen bei der Blattjagd günstig sind, liefern die normalen Aktivitätsphasen einen guten Anhalt. Aus eigenen Aufzeichnungen geht hervor, dass Böcke eher dann springen, wenn sie auch ohne Brunft aktiv gewesen wären. Moderate Temperaturen und Windstille begünstigen ein aktives Verhalten der Böcke. Umgekehrt führen sehr warme Wettersituationen dazu, dass sie inaktiver sind. Auch wenn es ungewöhnlich kalt ist und stürmt, sind die Voraussetzungen eher ungünstig. Klappen kann es auch dann einmal. Am

Ende ist eine erfolgreiche Jagd aber auch eine Frage von Statistiken und Wahrscheinlichkeiten.

01

01 Er ist noch jung und unerfahren: Einen Bock aus der Deckung zu locken, gelingt nicht sehr oft.

02 Lichte Baum- und Althölzer sind vielversprechende Standorte, um es mit Blatten zu versuchen.

02

DER TON MACHT DIE MUSIK

KITZFIEP

Zwei Grundtöne sollte der Blattjäger zunächst erlernen und verinnerlicht haben. Denn neben dem „Pia"-Laut der Ricken und Schmalrehe muss der Kitzfiep zum gängigen Lautinventar gehören. Wird er imitiert, stehen in der Nähe befindliche Ricken sehr oft zu. Dies liegt an der zu diesem Zeitpunkt noch sehr engen Bindung zwischen Ricke und Kitz.

Steht ein Bock bei der Ricke, wird er ihr mit sehr hoher Wahrscheinlichkeit folgen, der Jäger kann dann erfolgreich sein. Die Ricken sind in diesem Fall besonders wachsam. Behalten Sie sie besonders im Auge. Nicht selten vereiteln sie den Jagderfolg, weil sich der Jäger ausschließlich auf den Bock konzentriert hat.

Steht ein Bock bei einer brunftigen Ricke, bringen ihn „keine zehn Pferde" von ihr weg. Hier kann der Kitzfiep Erfolg bringen: Die Ricke steht zu, der Bock folgt.

TIPP

Ruf-Trockenübungen zu Hause sind unverzichtbar, soll es später im Revier klappen. Lassen sie sich aber auch dort nicht von „fehlerhaften" Töne entmutigen. Böcke verzeihen oft mehr, als man denkt. Wichtiger als eine perfekte Fiepserie ist die richtige Wahl des Blattjagdstandes.

RICKENFIEP

Der „Pia"- oder „Piä"-Laut der Ricken ist merklich tiefer und lauter als der Kitzfiep. Um ihn nachzuempfinden, finden Sie im Handel oder auch kostenfrei im Internet sehr gute Hörbeispiele. Mit diesem Laut macht die Ricke auf sich aufmerksam und ruft den Bock herbei. Üblicherweise blatte ich davon drei Serien. Jede Serie besteht aus etwa fünf Einzellauten. Seien Sie in Ihren „Interpretationen" flexibel, denn eine Ricke ruft nicht wie ein Roboter.

ANGSTGESCHREI

Ein äußerst wirkungsvoller Ruf ist das Angstgeschrei. Dabei gaukelt man dem Bock vor, dass eine Ricke von einem anderen Bock bedrängt wird. Diese Laute werden sehr energisch vorgetragen und tragen deshalb auch sehr weit. Das Angstgeschrei sollte sehr sparsam eingesetzt werden, weil es den gesamten Wald in Alarmbereitschaft versetzt. Ich verwende ihn nur, um bestimmte Böcke zu locken. Einmal pro Ansitz ist bei mir das Maß.

EIGENES VERHALTEN

Grundsätzlich kann ein Bock nach einer Rufserie von allen Seiten anwechseln. Um die Wahrscheinlichkeit zu erhöhen, dass er aus einer passenden Richtung kommt, ist die richtige Standauswahl wichtig. Wählen Sie diesen so aus, dass der Bock keinen Wind von Ihnen bekommen kann, wenn er Sie aus dem mutmaßlichen Einstand anwechselt. Versuchen Sie auch nicht, sich unmittelbar

Tarnkleidung macht bei der Blattjagd Sinn.

an den Einstand zu setzen, denn mit etwas Abstand dazu sehen Sie den Bock besser anwechseln. Und Sie vertreten ihn auch nicht, wenn sie den Sitz beziehen. Um unerkannt zu bleiben, erweist sich Tarnkleidung als günstig. Dies ist besonders dann der Fall, wenn es sich um ebenerdige Schirme handelt.

TIPP
Die bei der Blattjagd eingesetzten Rufe sind etwa 250 m weit zu hören. Bei günstigen Bedingungen können es bis zu 500 m sein. Berücksichtigen Sie dies bei der Planung ihrer Blattjagdstände.

EXKURS BLÜHENDE LANDSCHAFTEN

Mit dem Sommer stehen nun viele Blühstreifen und -flächen mit Klatschmohn, Margariten und Kornblumen in voller Pracht. Genau jene Strukturen also, die sich neben einer hohen landschaftlichen Ästhetik auch durch floristisch und faunistisch komplexe Lebensgemeinschaften auszeichnen und der Vorstellung vieler Jäger von blühenden Landschaften entsprechen. Zweifellos profitieren auch unsere Rehe von solchen Lebensräumen. Viel wurde und wird in den diversen Jägerkreisen über solche Landschaftselemente gesprochen und gefordert. Doch seien wir ehrlich: Zu sehen ist davon am Ende eher wenig.

Der Mensch gestaltet nach seinen Interessen – im Feld und …

… im Wald. Das nur abzulehnen, ist blauäugig.

ZENTRALER GESTALTER MENSCH

Denn tatsächlich sind unsere Agrarlandschaften weitgehend ausgeräumt. Der stete Wandel der Lebensräume ist drastisch und wir müssen zur Kenntnis nehmen, dass der Mensch schon lange zur diktierenden Größe des Naturhaushalts geworden ist. In Forscherkreisen wird seit einigen Jahren sogar darüber diskutiert, ein neues Erdzeitalter auszurufen. Dieses soll spätestens mit dem Beginn der Industriezeit begonnen haben. Mit Blick auf die verändernden Kräfte soll es Anthropozän genannt werden und das Holozän ablösen, dass seit der letzten Eiszeit besteht. Demnach stecken wir also mitten im Menschenzeitalter.

BLÜHFLÄCHEN UND -STREIFEN NUTZEN VIELEN

Nicht nur unser Wild gehört zu den Profiteuren von Blühflächen und -streifen. Untersuchungen haben gezeigt, dass dort die Zahl an Tagfaltern, Bienen, Käfern und Spinnen um 30 bis 40 % höher liegt als auf herkömmlichen landwirtschaftlichen Flächen. Dies wiederum hat positive Auswirkungen auf die Avifauna. Bodenbrüter wie Rebhuhn und Feldlerche finden hier geeignete Nistplätze.

Auch in unseren Revieren ist das Wirken der Menschen allgegenwärtig und täglich spürbar. Hier leben und wirtschaften Menschen auf engem Raum mit jeweiligen Interessen, die manchmal kaum unterschiedlicher sein könnten.

Leicht lassen sich aus naturschutzfachlicher Sicht Forderungen nach einer natürlichen Bewirtschaftung stellen. Doch wir müssen akzeptieren, dass v. a. Landwirtschaft, aber auch Forstwirtschaft sehr wichtige Wirtschaftszweige für die Gesellschaft darstellen. Zu Recht werden Diskussionen über Düngung und Pflanzenschutz geführt, doch sicher ist auch, dass konventionelle Landwirtschaft notwendig ist. Dieses System ist auch auf Produktivität ausgerichtet, denn es muss gleichzeitig den wirtschaftenden Landwirt und ein Land mit über 80 Millionen Menschen ernähren.

THEORIE …

Trotz des hohen Nutzungsdruckes werden länderseitig immer wieder Möglichkeiten angeboten, in unseren Fluren Wildtierlebensräume zu entwickeln. So existieren in den einzelnen Bundesländern verschiedene Beratungs- oder Förderungsmöglichkeiten für Maßnahmen im Sinne des Umwelt- und

Klimaschutzes. Derartige Programme verfolgen im Wesentlichen das Ziel, Lebensräume zu schaffen und die Biodiversität dadurch zu erhöhen. Größe Blühflächen und auch längliche Blühstreifen stellen besonders wertvolle Lebensräume dar.

... UND PRAXIS

Obwohl zwischen Jägern und Landwirten grundsätzlich ein breiter Konsens darüber besteht, Flächen auch im Sinne unserer Wildtiere weiterzuentwickeln, bleibt die Umsetzung häufig noch hinter ihren Möglichkeiten zurück.
Schaut man in die landwirtschaftliche Flur, sieht man häufig, dass zugunsten wildtierfreundlicher Maßnahmen Zwischenfrüchte oder Leguminosen angebaut werden. Diese tragen sicher zu einem gesunderen Boden bei, ökologisch haben sie aber wenig zu bieten. Loten Sie gemeinsam mit Ihren Landwirten etwaige Möglichkeiten im Sinne unserer Wildtiere aus.
Um es mit den Worten des amerikanischen Wildbiologen Aldo Leopold auszudrücken:

„Naturschutz ist ein Zustand der Harmonie zwischen Menschen und Land.“

Mit Blühstreifen ist schon viel gewonnen. Von ihnen profitieren nicht nur Wildtiere, sondern auch Insekten.

HERBST

— *Ernte auf Ansitz, Pirsch und Drückjagd*

WILDBIOLOGISCHE FAKTEN

Die Tage werden merklich kürzer, das Laub verfärbt sich und fällt bald darauf zu Boden. Für Jägerinnen und Jäger ist der Herbst „jagdliche Erntezeit". Auch beim Rehwild kann und muss noch geerntet werden – nicht zuetzt auf den jetzt stattfindenden Bewegungsjagden.

BUNTE ÜBERRASCHUNGEN

Im Herbst ändern nicht nur die Blätter der Bäume ihre Farbe – auch das Rehwild tauscht sein rotes Sommerhaar in ein unauffälliges Grau. Doch warum ist das so? Sicher ist, dass die Deckenfarbe dem Rehwild Vorteile gegenüber seinen Feinden verschafft. Die graue Herbst- und Winterdecke verschmilzt mit der jetzt ebenfalls eher graubraunen Umgebung. Abweichungen vom Normalhaartyp bzw. der Normalfarbe, egal ob sie im Sommer oder im Winter auftreten, bringen in der Regel Probleme für das davon betroffene Individuum mit sich. Warum aber gibt es dann weißes, geschecktes oder schwarzes Rehwild?

Wenn sich die Blätter verfärben, ist es auch für das Rehwild an der Zeit, in sein graueres Winterhaar zu wechseln.

HAARFARBE – EIN KOMPLEXER PROZESS

Grundsätzlich wird die Farbe des Haars über die Synthese von Melanin gesteuert. Je nachdem, welche Pigmente aktiviert werden, kommt es zu unterschiedlichen Haarfarben. Für diese Aktivierung sind wiederum Gene verantwortlich. Sie bestimmen, welche Deckenfarbe ein Elterntier und dessen Nachkommen – rot, semmelgelb, gescheckt schwarz oder weiß – besitzen. Um die Entstehung von „bunten Rehen" ranken sich zahlreiche Mythen. So hält sich bis heute der Glaube, dass das Erlegen eines weißen Rehs Unglück bringe. Doch damit nicht genug. In alten Schriften wird sogar davor gewarnt, ein weißes Stück zu erlegen, weil dem Erleger noch im selben Jahr der Tod drohe.

Auch wenn dieser Aberglaube sicher dem Reich der Sagen zuzuordnen ist, sind diese Stücke in jedem Fall etwas Besonderes. Im Idealfall ergibt sich aufgrund ihrer individuellen Zeichnung die Möglichkeit, sie über Jahre zu verfolgen. Diese Stücke werden Rehwildjägern Einblicke liefern, die sonst nur durch aufwendige Markierungsversuche möglich wären. Wer ein solches Stück im Revier hat, sollte es daher schonen, um mehr über die Wildart zu erfahren.

GESCHECKTES REHWILD

Bei dieser Farbvariante kommt es zu einer nur eingeschränkten Melaninausschüttung. Im Ergebnis sind mehr oder weniger große Teile der Decke weiß und normal gefärbt. Wenn diese Anomalie auftritt, sind häufiger Teile des Hauptes und der Läufe weiß. In der Regel sind die Augen normalfarben, sodass die Sehfähigkeit dieser Tiere nicht beeinträchtigt ist.

Dieser sogenannte Teilalbinismus folgt den gleichen Vererbungsregeln wie der vollständige Albinismus (s. u.). Da diese Auffälligkeit sowohl bei männlichen als auch bei weiblichen Tieren auftritt, ist davon auszugehen, dass es sich um einen sogenannten autosomalen Erbgang handelt. Albinotische Rehe hinterlassen in der Regel normal gefärbte Kitze, was wiederum auf eine rezessive Weitervererbung hindeutet. Erst wenn dieses Reh wieder auf ein Reh mit der gleichen Anlage trifft,

VERFÄRBEN – UNTAUGLICHES ALTERSMERKMAL

„Alt fegt zuerst, jung färbt zuerst?" Nein – der Zeitpunkt des Haarwechsels in Frühjahr und Herbst lässt genauso wenig Rückschlüsse auf das Alter zu wie die Zeit des Geweih-Verfegens und -Abwerfens. Gültig ist nur, dass einjährige Stücke in der Regel früher färben als mehrjährige. Der Haarwechsel ist eher eine Funktion der aktuellen Verfassung. So wird ein konditionell guter Jährling eher färben als ein schlechter. Und eine Ricke, die nur ein Kitz führt, kann eher Energie in einen zeitigeren Haarwechsel investieren als eine mit zwei Kitzen.

Tarnung ist alles.

Dank ihrer „Farbmarkierung" können die seltenen mythenbehafteten weiße Rehe interessante Informationen liefern.

Eine ausgesprochen rare Erscheinung sind auch zweifarbige oder braun-weiß gescheckte Teilalbinos.

„ROTES" REH AUF GRÜNEM GRUND

Stehen kräftig rötlich braune Rehe im Sommerhaar auf sattgrünen Wiesen, springen sie uns Menschen auf große Entferung geradezu ins Auge, sofern dies etwas geübt ist. Nach Tarnung sieht das für uns nicht aus. Doch auch die rötliche Färbung des Sommerhaars bietet Rehen guten Schutz, da ihre Fressfeinde kein Farbsehen besitzen. Die Sommerdecke des Rehs ist für Wolf, Luchs und Co. in grüner Umgebung unauffällig.

Auch kein alltäglicher Anblick. Schwarze Rehe kommen v. a. in der Tiefebene im Nordwesten Deutschlands vor.

kann es in der nächsten Generation erneut zu dieser Erscheinung kommen.
Als Sonderform bunter Rehe treten in sehr seltenen Ausnahmenfällen auch schwarz-weiße Schecken auf. Eine lokale Häufung dieser Farbvariante, wie sie beim rein schwarzen Rehwild auftritt, ist nicht feststellbar.

WEISSES REHWILD – ALBINO-BOCK

Das Zustandekommen rein weißer Rehe ist mit dem „Albinismus" zu erklären. Durch einen Gendefekt ist die Synthese von Melanin nicht möglich. Dies ist zumeist auf das Fehlen des Enzyms Tyrosinase zurückzuführen, welches entscheidend bei der Bildung von Melanin mitwirkt. Infolge dieses Pigmentmangels sind Haare und auch Haut ohne Farbe. Sogar die Iris (Regenbogenhaut) ist farblos und entsprechend lichtdurchlässig. Aus Letzterem resultieren entsprechende Beeinträchtigungen des Sehvermögens mit einem verschlechterten Sehen sowohl am Tag als auch in der Nacht. Am Tage kann die farblose Iris den Lichteinfall nicht anpassen, was zu einer mehr oder minder ausgeprägten Tagblindheit führt (STUBBE 1997). Hauptursache der herabgesetzten Sehschärfe, die das Tag- und Nachtsehen betrifft, ist eine Makulaveränderung.

Weitere körperliche Defekte treten bei diesen Rehen nicht auf, sodass sie grundsätzlich eine normale Lebenserwartung besitzen. Regionale Konzentrierungen weißer Rehe sind nicht bekannt.

SCHWARZES REHWILD – GEHEIMNISVOLLE MOORBÖCKE

Das Vorkommen schwarzer Rehe in Deutschland konzentriert sich auf Nordwest-Deutschland. Die Bundesländer mit den höchsten Strecken dieser Farbvariante sind Niedersachsen und Nordrhein-Westfalen. Höhere Anteile kommen aber ebenfalls in Sachsen-Anhalt vor. Aufgrund ihres Vorkommens in feuchten Arealen werden schwarze Rehe auch als Moorrehe bezeichnet.
Im Sommer tragen diese Stücke eine glänzend schwarze Decke. Im Winter ist das Haar dagegen matt schwarz bis dunkelgrau. Für die markante Färbung ist das Haarpigment Eumelanin verantwortlich.
Durch welchen Erbfehler es zu der dominanten Ausschüttung dieses Pigments kommt, ist bislang nicht bekannt. Vermutlich wird ein spezielles Pigment (Phäomelanin) durch eine Veränderung des genetischen Materials bei diesen Rehen nicht aktiviert. GORGASS (1984) geht nach seinen Gatterversuchen davon aus, dass es sich um einen rezessiven Erbgang handelt. Paart sich demnach ein schwarzes mit einem roten Reh, so werden in der Regel rote Kitze gesetzt.
Schwarze Rehe treten regional mit einer Häufigkeit von etwa fünf Prozent auf. Durch den bevorzugten Abschuss roter Exemplare aus diesen Populationen kann ihr Anteil schwarzer Rehe auf bis zu 75 Prozent gesteigert werden!

DROSSELFLECK

Der Drossel-, Kehl- oder Halsfleck kommt bei Rehen von Region zu Region unterschiedlich häufig vor. In meinem Revier tragen Rehe eher seltener die auffällige Kehlzeichnung, während sie andernorts häufiger zu sehen ist. Die Zeichnung der Flecken verfügt dabei über ein wiederkehrendes Muster. Auch wenn diese Muster nicht so scharf abgegrenzt sind wie bei Baum- und Steinmarder, lassen sich ihre Träger auch beim Rehwild individuell unterscheiden. Das Muster

Albinismus kann mit eingeschränkter Sehfähigkeit einhergehen.

Ein Drosselfleck kann bei Jung und Alt ausgebildet sein. Er ist bei jedem Stück anders ausgeprägt und unveränderlich.

DROSSELFLECK – BEDEUTUNG UNKLAR
Kehlflecken kommen in der Natur in diversen Tierklassen vor und übernehmen dabei verschiedenste Funktionen. Sie sollen Abschrecken oder Paarungsbereitschaft signalisieren. Genauso werden sie auch zur innerartlichen Erkennung und den Informationsaustausch genutzt. Was der Grund für die Drosselflecken der Rehe ist, bleibt bis heute ungeklärt. In der Literatur wird eine optische Signalwirkung diskutiert. Möglicherweise verbirgt sich dahinter aber auch eine Funktion, die heute nicht mehr klar erkennbar ist.

bleibt dabei über Jahre hinweg gleich. Gute Nahaufnahmen können demnach dazu genutzt werden, das Schicksal einzelner Stücke nachzuvollziehen und einen besseren Überblick über den Bestand zu bekommen.
Bis heute wird immer wieder die landläufige Meinung geäußert, dass diese Erscheinung ausschließlich bei alten Rehen zu finden sei und entsprechend auch zur Altersansprache genutzt werden könne. Das ist nicht der Fall! Der Drosselfleck kommt bei jungen genauso wie bei alten Stücken vor und ist ein individuelles unveränderliches Merkmal.

ALTERSANSPRACHE WEIBLICHES REHWILD

Die Altersansprache lebender Rehe im Revier ist im Allgemeinen problematisch. Während einjährige und mehrjährige Stücke noch gut zu unterscheiden sind, geht es darüber hinaus allenfalls um eine Annäherung. Eine zuverlässige Bestimmung – gar aufs Jahr genau – ist unmöglich.
Beim weiblichen Rehwild muss auf die klassischen Merkmale zurückgegriffen werden. Sie sind bei weiblichen Stücken jedoch weniger stark ausgebildet als bei Böcken.

Junge Ricke

Ältere Ricke

So lassen sich Trägerstärke, Widerrist und Vorschlag kaum als Ansprechhilfe nutzen. Dies gilt ebenso für eine graue Gesichtsmaske, die ohnehin wenig Aussagekraft hat. Achten Sie deshalb auf die gesamte Körperform.

KÖRPER

Junge Ricken wirken langgestreckt und schlank. Ihr gazellenhafter Habitus steht auf hohen Läufen. Mit zunehmendem Alter wirkt der Wildkörper kastenartig und eher quadratisch. Überalterte Ricken sind meist knochig und haben eingefallene Flanken. Insbesondere wenn mehrere Stücke im Sprung beieinanderstehen und gut zu beobachten sind, bietet sich die Gelegenheit eines direkten Vergleichs.

HAUPT

Ein weiteres sehr gut geeignetes Ansprechmerkmal ist die Form des Hauptes: Während es bei jungen Stücken noch schmal und ausgezogen erscheint, wird es mit zunehmendem Alter breit und kantig. Achten sie auch auf die Jochbögen. Tritt auch noch der Drosselknopf hervor, steht mit Sicherheit eine alte Ricke vor Ihnen. Generell ist es sehr hilfreich, sich die Gesichtsgeometrie am erlegten Stück einzuprägen, um später vom Sitz aus jung, mittelalt und alt unterscheiden zu können.

AUF DER FLUCHT

Unsere Kulturlandschaften stehen unter einem permanenten Nutzungsdruck. Er wird im Herbst besonders deutlich, wenn zuvor dicht bewachsene Flächen in der Feldflur innerhalb kurzer Zeit kahl sind und auch im Wald das vor Blicken schützende Blattwerk von Jungwuchsflächen und Sträuchern am Boden liegt.

STRESS – ERSTMAL NORMAL

Die herbstliche Ernte, aber auch die anderen umfangreichen und vielfältigen Aktivitäten des Menschen bedeuten auch für unsere Rehe Störungen und manchmal sogar Stress. Sie reagieren auf diese Beeinträchtigungen

Störung ist nicht gleich Störung. In Versuchen reagierten Rehe unterschiedlich gestresst auf deren Art..

Von Menschen mit Hund zeigten sich die Rehe am stärksten gestresst.

entsprechend mit einer Stressreaktion. Das ist im Prinzip gar nichts Negatives, sondern erst einmal nur eine adaptive Gegenreaktion des Körpers auf einen auslösenden Reiz. In dessen Folge kommt es zu einer Aktivierung des autonomen Nervensystems und der Ingangsetzung einer Hormonkaskade.
Der Körper wird so in einen Aktionsmodus versetzt, bei dem im Prinzip zwei verschiedene Handlungsstrategien zur Verfügung stehen: Angriff oder Flucht. Geht beides nicht, gibt es noch die Möglichkeit der „Starre", also des Nichtstuns. Auch beim Reh versetzen Kortikosteroide und Adrenalin den Körper in eine Kampf- oder Fluchthaltung, die eine sofortige Reaktion auf den Stressor ermöglichen (KAPPELER 2012).

TIPP
Zu einer Stressreaktion kommt es auch dann bei unseren Rehen, wenn keinerlei sichtbare körperliche Anzeichen zu sehen sind. Dies kann mithilfe von entsprechenden Sensoren sehr gut über die Herzschlagrate eines Tieres dokumentiert werden.

Ist eine Situation z. B. durch Flucht bewältigt oder hat sich die Störungsquelle entfernt, normalisieren sich die körperlichen Funktionen schnell wieder.
Eine Flucht nach einer Beunruhigung verläuft beim Reh in der Regel übrigens nur über vergleichsweise kurze Distanzen. Sie geht selten über 300 m hinaus.

UNTERSCHIEDLICHE REAKTIONEN

Beim Rehwild konnten im Rahmen von Stress-Untersuchungen Erhöhungen der Herzfrequenz um über 250 Schläge pro Minute über Normalwert verzeichnet werden (REIMOSER 2013). Die Reaktionen waren davon abhängig, um welche Störungen es sich handelte. Menschen mit Hunden lösten in diesem Versuch die heftigsten Reaktionen aus. Demgegenüber reagierten die Tiere auf berittene Menschen deutlich entspannter. Allgemein zeigte sich, dass optische Reize zu stärkeren Reaktionen führten als akustische und olfaktorische.
Die Reaktionen des Wildes waren auch davon abhängig, was das Stück gerade tat. Grundsätzlich galt dabei: Tiere, die inaktiv

Vergleichsweise „entspannt“ blieben die Rehe in den Studien, wenn Reiter auftauchten.

sind, reagieren deutlich schwächer auf Einflüsse als aktive Tiere.
Unstrittig ist, dass Stress einen starken Energieverlust nach sich zieht. So verbrauchen Stücke, die bei Schnee flüchten, bis zu zwölfmal mehr Energie als ohne Flucht. Bei anhaltenden Belastungen kann es sogar zu einer Beeinflussung der Gesundheit kommen. Denn durch Dauerstörung wird die Immunkompetenz der betreffenden Stücke reduziert, wovon Krankheitserreger und Parasiten profitieren. Stress kann also nicht nur uns Menschen, sondern auch unsere Wildtiere krank machen.

STRESSMANAGEMENT

Selbstverständlich stellt Jagd selbst auch einen Stressor dar. Ein Störungsversuch der Universität Wien zeigt, wie Rehwild auf jagdliche Störungen reagiert. So beobachteten die Wissenschaftler, dass Rehwild eine Kanzel genau beobachtete, nachdem eine Person dort aufgebaumt war. Anders als Rotwild ging Rehwild nach relativ kurzer Zeit dann wieder zur Tagesordnung über. Erfahrene Ricken, die bereits Kitze verloren haben, können lernen, dass eine Ansitzeinrichtung eine Bedrohung darstellt. Bei einer besenderten Ricke stellte man fest, dass sie nach dem Abschuss eines ihrer Kitze die betreffende Fläche mehrere Wochen mied (SANDFORT 2019). Sicher kann man dies nicht verallgemeinern, denn nicht jedes Stück reagiert wie das andere. Sicher ist jedoch auch, dass Rehe versuchen, Strategien zu entwickeln, um Stress zu vermeiden. Sie weichen dabei gezielt den Störungen aus und verlagern ihre Aktivitätszeiten.

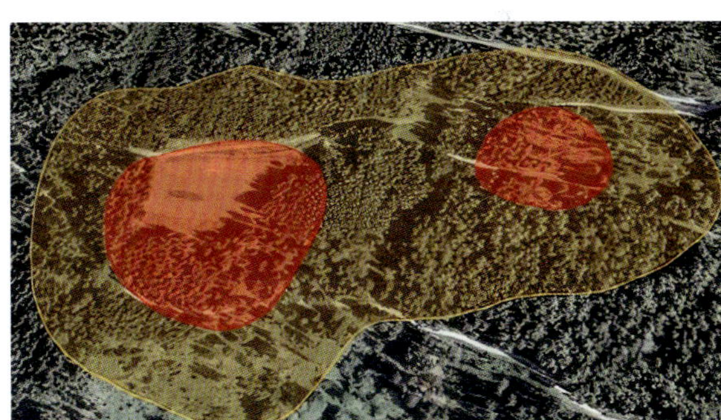

Eine Ricke mied zwei Freiflächen (rot) nach Erlegung eines ihrer Kitze auf einer der beiden (SANDFORT 2019).

INTELLIGENTE DRUCKSTEUERUNG

Fasst man die Ergebnisse wildbiologischer Untersuchungen zusammen, wird eines deutlich: Sind Störungen für das betreffende Wildtier zeitlich und räumlich gleichartig und vorhersehbar, kann sich das Wild darauf einstellen. Die Reaktionen fallen moderat aus und die Belastung bleibt gering. Die gezielte Lenkung von Erholungssuchenden ist deshalb ein zentrales Mittel, um stressfreiere Wildtierlebensräume zu schaffen. Permanenter Jagddruck – zeitlich und räumlich – lässt unsere Wildtiere ebenfalls dauerhafte Strategien dagegen entwickeln.

Das gezielte Lenken von Erholungssuchenden kann Wildtierlebensräume „entstressen".

EIN ABWÄGUNGSPROZESS

Die sogenannte Risc-Allocation-Hypothese (Hypothese der Risikovermeidung) geht davon aus, dass Beutetiere abwägen müssen. Der Zwang zur Nahrungsaufnahme und das Risiko, zur Beute zu werden, bestimmen das Verhalten und damit das Prädationsrisiko. Die Hypothese legt zugrunde, dass die Risikofaktoren in verschiedenen Umgebungen unterschiedlich hoch sind und dass sich Rehe in Räumen mit hohem Risiko vorsichtiger verhalten. Klar ist jedoch, dass ein Reh eher hungern wird, als sich gezielt einer Gefahr auszusetzen.

Aus wildbiologischer Sicht bedeutet deshalb Intervalljagd ein Absenken des jagdlichen Drucks – und das tut unserem Wild gut. Die Jagd sollte ebenso wenig auf der gesamten Fläche Druck erzeugen. Denn auch die aufwendigsten lebensraumverbessernden Maßnahmen nutzen nichts, wenn dort ständig gejagt und das Wild beunruhigt wird.

SECHSTER SINN

Weitgehend unbekannt ist, dass Rehe in bestimmten Situationen neben den normalen Sinnen auch das Erdmagnetfeld nutzen, um sich zu orientieren und bestimmte Verhaltensweisen zu koordinieren.
Dass das Magnetfeld auch bei Wiederkäuern genutzt wird, ist intuitiv schon länger bekannt. So weiß jeder Landwirt, dass Kühe beim Grasen dazu neigen, sich in eine bestimmte Richtung zu stellen. Um es genauer zu wissen, wurden 300 Weiden mit über 8000 Rindern weltweit analysiert. Dabei wurde deutlich, dass sich die Rinder signifikant häufiger in der Nord-Süd-Richtung als in andere Richtungen ausrichteten (BEGALL et al. 2008). Spekuliert wird bei diesem Verhalten, inwieweit es sich um ein Relikt aus den Zeiten ihrer wilden Vorfahren handeln könnte, denn ein vergleichbares Phänomen wurde auch bei Rehwild und anderen Wildwiederkäuern festgestellt. Genau wie die Rinder richten sie ihren Körper beim Äsen bevorzugt in der Nord-Süd-Achse aus.

FLUCHTKOORDINATOR MAGNETFELD

Neben der Stellung beim Äsen richtet sich auch die Liegeposition des Rehwildes an der Nord-Süd-Achse aus: Die Analyse von Rehwildbetten zeigt eine Bevorzugung dieser Ausrichtung deutlich. Die Schlaf- und Ruheposition wiederum besitzt einen entscheidenden Einfluss auf die Fluchtrichtung. So fand man in einer auf diesen Erkenntnissen aufbauenden Studie heraus, dass sich auch das Fluchtverhalten des Rehs am Magnetfeld ausrichtet (OBLESER et al. 2016). Erstaunlich war, dass ein Ausweichen regelmäßig entlang der Nord-Süd-Achse bevorzugt wurde, selbst wenn sich die Störung von Osten oder Westen näherte. Die Stücke flüchteten also nicht einfach, wie vielleicht zu vermuten wäre, in die der Störung entgegengesetzte Richtung. Selbst die Windrichtung hatte zur Überraschung der Forscher keinen statistisch nachweisbaren Effekt.

Die Wissenschaftler gehen davon aus, dass die Nord-Süd-Orientierung den Stücken hilft, ihre Flucht zu synchronisieren und ein Versprengen der Sprünge vermeidet. Außerdem unterstützt sie dabei, die Orientierung im Raum zu verbessern. Es wird vermutet, dass auch bei Rehen eine „geistige Karte" des Lebensraumes gespeichert ist. Diese lässt sich besser abrufen, wenn das System in der Nord-Süd-Achse ausgerichtet ist.

Für den Jäger sind diese Ergebnisse durchaus von Interesse und Nutzen: Sie liefern wichtige Hinweise auf die Reaktion und das Ausweichverhalten des Wildes bei Bewegungsjagden.

Sechster Sinn: Beim Äsen richten sich Rehe wie Rinder bevorzugt in Nord-Süd-Richtung aus.

VOGEL, FLEDERMAUS, HUND & CO.

Nicht nur Rehe nutzen das Magnetfeld zur Orientierung. Auch Zugvögel und Fledermäuse greifen darauf zurück. Von Füchsen ist bekannt, dass es bei der Mäusejagd hilft. Selbst unsere Hunde nutzen den sechsten Sinn offenbar. Denn bei einer Untersuchung zu ihrem Defäkationsverhalten fand man heraus, dass sie sich nicht wahllos lösen: Das Ergebnis von 7000 „Lösungsvorgängen" erbrachte ein eindeutiges Ergebnis. Hunde richten sich dabei, sofern sie freilaufen, bevorzugt in der Nord-Süd-Richtung aus (HART et al. 2013).

Auch die Flucht erfolgt meist nicht einfach in die der Störung entgegensetzte Richtung, sondern richtet sich ebenfalls an der Nord-Süd-Achse aus.

ALTERSBESTIMMUNG AM ERLEGTEN STÜCK

In meiner Kindheit verfolgte ich als stiller Zuhörer unzählige Gespräche über das Alter von Böcken. Oft wurde dann hitzig diskutiert und zumindest nach meiner Wahrnehmung herrschte kaum je Einigkeit. Interesse und die Diskussionsfreude scheinen bei diesem Thema ungebrochen – bis heute erlebe ich Jäger regelmäßig darüber streiten. Selten geht es um Ricken, wobei dies aus biologischer Sicht nicht weniger interessant ist.

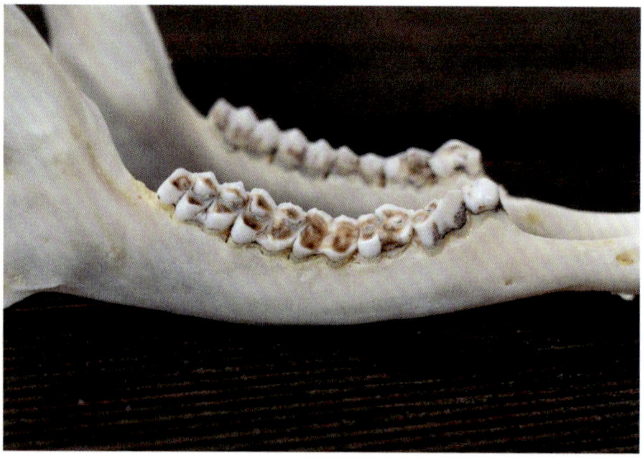

Die (Nicht-mehr-)Sichtbarkeit der Kunden der Molaren, vor allem des M1, taugt nicht zur Alterbestimmung. Der Zahnabschliff hängt längst nicht nur allein vom Alter ab.

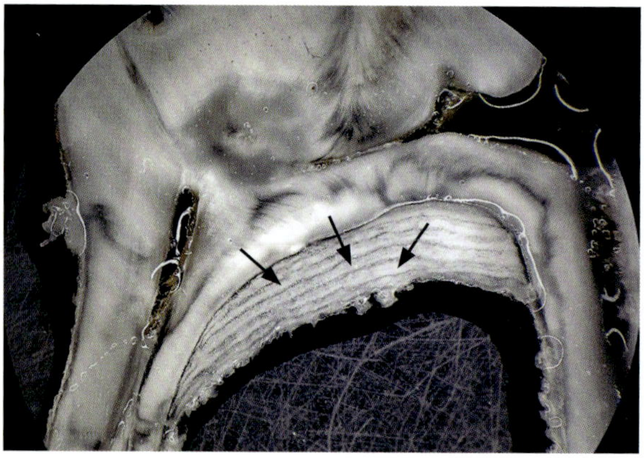

Die Zahnzementzonen sind hier als breite weiße Linien zu erkennen.

GRAUE THEORIE

Während Jährlinge und Schmalrehe aufgrund des als Milchzahn noch dreigeteilten dritten Prämolaren (P3) oder frisch geschobenen zweiteiligen Dauer-P3 noch recht zuverlässig zu erkennen sind, wird eine Einschätzung in den höheren Altern des Rehwilds immer schwieriger.

Der von vielen Jägergenerationen vertretenen Theorie nach wird ein Alter von fünf Jahren angenommen, wenn die erste Säule des ersten Molaren (M1) plan geschliffen ist und der Zahn keine Kunden mehr aufweist. Tatsächlich kann dies nachweislich bereits ab dem Alter von drei Jahren der Fall sein – oder auch erst ab einem Alter von sieben Jahren! Verschiedene Faktoren beeinflussen nämlich den Abschliff von Zähnen und damit folgerichtig auch das Ergebnis der Altersbestimmung. Allein der Härtegrad der Zähne und die individuelle Äsung können zu erheblichen Schwankungen der Abrasion führen. Nicht zuletzt führt auch die subjektive Beurteilung jedes Jägers zu zusätzlichen, mehr oder minder großen Abweichungen. Im Ergebnis wird aus der Altersbestimmung eine Schätzung, die lediglich eine Zuordnung nach jung, mittel und alt erlaubt.

BAUCHGEFÜHL

STUBBE (2008) führte in diesem Zusammenhang einen interessanten Versuch durch. Er legte 117 Jägern die Unterkiefer von 25 Rehen vor, deren Alter exakt bekannt war. Wenig überraschend wurden Jährlinge noch recht zuverlässig angesprochen: Mit 61 % lagen die Jäger bei dieser Altersgruppe richtig. Bei den zwei- bis dreijährigen Rehen jedoch sank die Zahl der richtig eingeschätzten Stücke schon auf weniger als ein Drittel. Bei noch älteren Rehen waren die Abweichungen dann zum Teil noch erheblicher. Rehe des Alters fünf Jahre beurteilten die teilnehmenden Jäger nur noch zu 13 % zutreffend. Das Alter falsch eingeordneter Rehe wurde gleichermaßen über- und unterschätzt.

ERSATZZEMENTMETHODE

Aufgrund der Unzulänglichkeiten bei der Einschätzung des Abschliffs wurde in der Wissenschaft bereits vor einigen Jahrzehnten die sogenannte Ersatzzementmethode entwickelt. Hierbei wird das Alter anhand des sogenannten Zahnzementes bestimmt. Grundlage der Methode ist die Tatsache, dass das Zahnzement lebenslang wächst. Dies geschieht jahreszeitenbedingt unterschiedlich schnell. Durch die unterschiedlichen Wachstumsgeschwindigkeiten ergeben sich voneinander abgrenzbare Zahnzementzonen, vergleichbar mit den Jahresringen eines Baumes. Die Zonen werden ausgezählt und darüber das Alter bestimmt.
Um das Verfahren durchzuführen, wird mit einer Niedertourensäge der Zahn der Länge nach geteilt bzw. eine kleine Scheibe aus der Zahnwurzel geschnitten. Bei Huftieren wird dabei meist der M1 verwendet. Die sehr dünne Wurzelscheibe wird dann (im Durchlicht) unter dem Mikroskop auf das Vorhandensein von Zahnzementlinien hin überprüft.

NOMOGRAMM-METHODE

Für den Jäger muss eine Methode zur Altersermittlung zwei Anforderungen erfüllen: Sie muss zum einen hinreichend genaue Ergebnisse liefern und gleichzeitig probat in ihrer Anwendung sein. Mit Blick auf die genannten Verfahren ist festzustellen, dass der Zahnabschliff zwar einfach anzuwenden ist, jedoch hinsichtlich seiner Genauigkeit zu wünschen übrig lässt.
Exakt andersherum verhält es sich bei der Zahnzementmethode: Sie liefert zwar korrekte Ergebnisse, ist jedoch eher kompliziert in der Umsetzung.
Aus diesem Grund erscheint es günstig, die Methode nach STUBBE & LOCKOW (1994) anzuwenden. Sie liefert präzise Ergebnisse und ist für jedermann unkompliziert anwendbar, denn der Jäger muss dafür lediglich zwei Parameter erheben:

1. den Durchmesser des Rosenstockes und
2. die Zahnhöhe des M2 (ab Zahnfleischansatz).

Sind beide Werte ermittelt, muss in einer Grafik nur noch das Alter abgelesen werden. Die ganze Prozedur liefert auch ohne Übung in wenigen Minuten ein belastbares Ergebnis. Probieren Sie es einmal selbst.

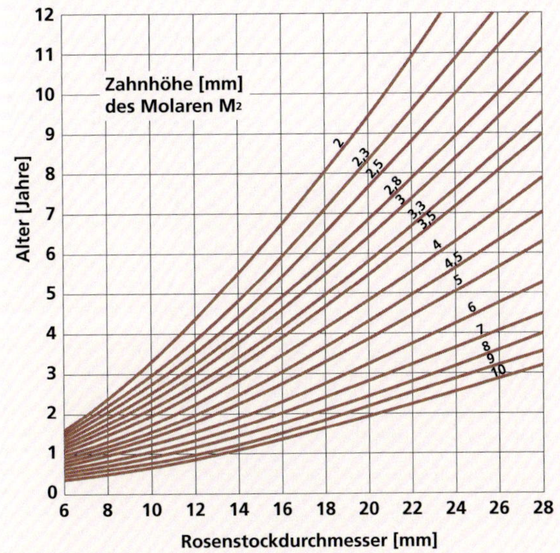

Mit den gemessenen Größen Rosenstockdurchmesser des Bockes und Höhe des M2 lässt sich das Alter eines Bockes im Nomogramm abgelesen (GANSNER nach STUBBE & LOCKOW 1994)

BIOLOGISCHES ALTER

Mit der sogenannten Horvath-Uhr lässt sich das biologische Alter sehr präzise bestimmen. Steve Horvath, ein deutsch-amerikanischer Biomathematiker, entdeckte vor einigen Jahren, dass die „biologische Uhr" von Organismen auch in den Genen tickt. Durch die sogenannten Methylierung können Gene nämlich nicht nur an oder ausgeschaltet werden: Daran lässt sich auch ablesen, wie alt ein Körper im biologischen Sinne ist. Das Alter in Jahren kann dabei vom biologischen Alter abweichen. Dieses Verfahren wurde bereits bei Rehen angewendet und liefert auch bei dieser Spezies sehr präzise Ergebnisse (LEMAITRE et al. 2022).

Rehwild-Eldorado: Deckung und Äsung satt auf einer Kalamitätsfläche.

REHE UND REPRODUKTION

Unsere Kulturlandschaften produzieren durch die menschliche Existenz viele Verlierer, doch das Reh gehört zweifellos nicht dazu. Ganz im Gegenteil, durch seine hohe Anpassungsleistung vermag es die heutigen Bedingungen gut zu nutzen. Insbesondere die aktuellen Veränderungen unserer Wälder kommen dieser Wildart durchaus zugute: Waldumbau, Käfer- und Sturmholz schaffen ideale Verjüngungsbedingungen, in denen das Reh Deckung und Äsung im Überfluss vorfindet. Auch die milden Winter sorgen dafür, dass Mortalität in der kalten Jahreszeit nahezu ausbleibt.

IDEALE BEDINGUNGEN = VIEL FORTPFLANZUNG

Diese idealen Bedingungen setzt das Rehwild optimal in Reproduktion um. Darauf ist es auch evolutiv programmiert, denn in der Evolution geht es allein darum, eigenes genetisches Material in die nächste Generation zu überführen. Die Art als solche bzw. Arterhaltungsaspekte spielen dabei übrigens keine Rolle. Denn jedes Individuum verfolgt allein seinen eigenen Plan. Welche Strategie – oder „life history", wie der Biologe sagt – dabei umgesetzt wird, ist individuell verschieden. Bezogen auf das weibliche Rehwild kann man jedoch einen Zusammenhang klar ableiten. Eine gute körperliche Verfassung führt zu einem höheren Reproduktionserfolg. Vorrausetzung für eine gute Kondition sind verschiedene Parameter. Deckung und Äsung sind von großer Bedeutung, auch die Beunruhigung durch Menschen, Jäger oder andere Wildarten spielt sicher eine Rolle.

GRÖSSE NR. 1: DIE DICHTE

Eine Größe sticht dabei jedoch heraus, um das noch ein weiteres Mal zu betonen: die Populationsdichte. Der größte Feind des Rehs ist das Reh selbst.

In einer sehr umfassenden Studie, die Daten aus 59 Untersuchungsgebieten aus 14 Ländern analysierte, fand man einen klaren Zusammenhang zwischen der Populationsdichte und dem Reproduktionserfolg (FLAJSMANN et al. 2018). Die Gleichung ist sehr einfach: Ist die Populationsdichte hoch, geht die Fortpflanzungsleistung signifikant zurück, denn hohe Dichten führen zu geringen Körpergewichten und dies zu weniger Kitzen pro Ricke.
Ein kleines Beispiel aus der oben genannten Analyse zeigt dies überaus anschaulich: Wogen Schmalrehe lediglich zwölf Kilogramm aufgebrochen, fand man durchschnittlich auch nur ca. 1,2 Gelbkörperchen (Corpora lutea) bzw. Embryonen. Wogen sie dagegen fünf Kilogramm mehr, hatten sie im Schnitt fast zwei Gelbkörperchen bzw. Embryonen. Zusammenfassend kann man es auf folgende schlichte Formel bringen: angepasste Dichte gleich weniger Stress gleich hohe Gewichte gleich maximale Reproduktion. Wenden wir diese Gleichung aufs Revier an, dann bringen sich Jäger durch zu viel Zurückhaltung bei der Rehwildjagd systematisch um den eigenen Bestand und um Strecke.

STRESS SENKT DIE GEBURTENRATE

Durch verschiedene Faktoren kann es dazu kommen, dass Verluste bereits vor der Geburt auftreten. In der Biologie wird bei vorgeburtlichen Verlusten zwischen präimplantativen (vor der Einnistung) und postimplantativen (nach der Einnistung), z. B. durch Resorption der Embryonen unterschieden. Der häufigste Grund für derartige Verluste ist Stress. Populationsinterner Druck führt so zu Verlusten bei der Reproduktion. Hohe Populationsdichten sind in vielen Fällen der Grund.

Seltener Anblick: Eine Ricke mit drei Kitzen. Das spricht für gute Lebensbedingungen.

ALTERN UND TOD

Rehe gehören zu den Arten, die vergleichsweise schnell wachsen, viel in eine frühzeitige Reproduktion investieren und verhältnismäßig rasch altern. Was im Einzelnen beim Alterungsprozess generell geschieht, ist ein weites Forschungsfeld und wurde in der Vergangenheit auf verschiedenen Wegen zu erklären versucht.
Nach der sogenannten „Theorie der freien Radikale“ sind freie reaktive Sauerstoffverbindungen für Alterungsprozesse verantwortlich. Durch Stoffwechselprozesse werden in Zellen aus Sauerstoff freie Radikale gebildet. Ihr permanenter Einfluss führt nach und nach dazu, dass entstehende zelluläre Schäden nicht mehr repariert werden können.

Rehe gehören zu den vergleichsweise rasch alternden Arten. Ricken kommen etwas langsamer in die Jahre als Böcke.

Demgegenüber ist nach der „Rate of Living“-Hypothese die Stoffwechselrate für die individuelle Alterungsgeschwindigkeit verantwortlich. Tatsächlich haben Tierarten mit einem hohen Stoffwechselumsatz eine kurze Lebensdauer und umgekehrt.
Eine weiterer Erklärungsansatz bildet die so genannte „Hayflick-Grenze“. Demnach haben Zellen eine maximale Zahl an Teilungsmöglichkeiten. Die an den Enden der Chromosomen sitzenden Telomere, die als eine Art Schutzkappe verstanden werden können, verkürzen sich mit jeder Teilung, bis der programmierte Tod der Zelle eingeleitet wird. Alle vorgenannten Erklärungsversuche spielen nach heutigem Verständnis beim Altern eine Rolle, können es für sich genommen jedoch nur unvollständig erklären. Tatsächlich handelt es sich um einen hochkomplexen Ablauf, der von diversen Parametern und Einflussfaktoren abhängt.

THEORIE DER „WEGWERFKÖRPER“

Um zu verstehen, welche Bedeutung Alterungsprozesse für unsere Rehpopulationen haben, ist es zunächst hilfreich, sich eines zentralen Zusammenhangs klar zu werden. Denn nach einer gängigen wissenschaftlichen Theorie, der sogenannten „Disposable-Soma-(Wegwerfkörper-)Theorie“, muss sich ein Organismus gewissermaßen für die Verteilung seiner Ressourcen entscheiden. Es ist demnach unmöglich, an einer Stelle zu investieren, ohne an anderer Stelle Zugeständnisse zu machen. Anders ausgedrückt: Entweder wird in ein langes Leben investiert und dafür eine geringe Reproduktionsrate in Kauf genommen oder es wird auf Kosten der Lebenserwartung auf hohe Reproduktionszahlen gesetzt.
Tierarten, die z. B. eine hohe Wahrscheinlichkeit haben, früh in ihrem Leben gefressen zu werden, sollten in eine zeitige Fortpflanzung und viele Junge investieren. Arten, die wenige Nachkommen haben, investieren jedoch meist viel in die Aufzucht ihrer Nachkom-

Elefanten halten es anders als Rehe: Sie gebären nur in mehrjährigem Abstand und i. d. R. nur ein Kalb, das sie über zehn Jahre lang aufziehen.

men, die dadurch wiederum eine erhöhte Überlebenschance haben.
Verhalten, Stoffwechsel und Reproduktion kosten Ressourcen und müssen also verteilt werden. Die Lebensbedingungen entscheiden dann über die individuelle Lebensgeschichte einer Art oder eines Individuums. Rehe aus bejagten Populationen sollten schnell in die körperliche Heranreifung investieren, denn dies garantiert ihnen, schnell viele Kitze zu setzen. In unbejagten Populationen gibt es diesen Selektionsdruck nicht, deren Lebenslaufstrategien sehen deshalb anders aus.

ALTERNDES REHWILD

Die Alterung (Seneszenz) setzt bei den Ricken im Alter von acht Jahren ein und geht mit einem Rückgang der Fortpflanzungsleistung einher. Nach einer italienischen Studie geht die reproduktive Seneszenz in hohem Maße mit der verminderten Wirkkraft des Gebisses aufgrund seiner übermäßigen Abnutzung einher (CHIRICHELLA et al. 2021). Dabei kommt es ab einem bestimmten Abnutzungsgrad zu einer überproportionalen Verschlechterung der körperlichen Verfassung, und diese wiederum führt unmittelbar

Altern ist auch bei Rehen ein individueller Prozess: Dieser Bock hat seinen Lebenszenit deutlich überschritten, aber immer noch nicht stark zurückgesetzt.

SCHNELLERES ALTERN UNTER UNGÜNSTIGEN VERHÄLTNISSEN

In einer Studie konnte gezeigt werden, dass die Länge der Telomere bei Rehen vom Lebensraum abhängt (WILBOURN et al. 2017). Lebten die Rehe in für sie günstigen Habitaten, waren die Telomere bei gleichem Alter länger als in ungünstigen Lebensräumen. Möglicherweise haben die Revierbedingungen also einen Einfluss auf die Alterungsgeschwindigkeit.

zu einem Rückgang der Fortpflanzungsleistung. Dies bedeutet, dass die betreffenden Stücke verspätet oder gar nicht aufnehmen. Am Ende dieser Entwicklung verlieren sie ihre Reproduktionsfähigkeit und bleiben dauerhaft gelt.
Bei Rehböcken ist der Alterungsprozess ab einem bestimmten Alter aufgrund des zurücksetzenden Geweihs sehr prominent. Die Vergreisung schreitet nun rasant voran und das biologische Ende naht. Bemerkenswert ist, dass Böcke schneller altern als Ricken (LEMAITRE et al. 2022).
Die Alterungsgeschwindigkeit zeigt neben den geschlechtsspezifischen auch individuelle Unterschiede. Warum ein Stück schneller altert als ein anderes, liegt nachweislich daran, wie es seine Ressourcen anlegt. So ist die Alterungsgeschwindigkeit am größten, wenn z. B. zu Beginn des Lebens viel in ein schnelles Wachstum investiert wurde. Und so werden auch Böcke, die zeitig in ein starkes Geweih investieren, später im Leben eher zurücksetzen und vergreisen.

OHNE TOD KEINE EVOLUTION

Altern ist ein Prozess, der bei allen mehrzelligen Arten und Organismen vorkommt und bis heute in seinen Details noch längst nicht verstanden ist. Betrachtet man es rein biologisch, könnte es als Teil einer „Kosten-Nutzen-Bilanz" aufgefasst werden. Die Frage lautet: Wie setze ich meine Lebenszeit effektiv im Sinne von Nachkommen ein, bis Altern und Tod das verhindern?
Alterung nimmt damit entscheidenden Einfluss darauf, welche Lebenslaufstrategie von den Arten und Individuen umgesetzt werden. Ein langes Leben ist dabei also keineswegs der Schlüssel für ein im evolutionsbiologischen Sinne erfolgreiches Leben. Im Gegenteil kann Altern sogar als eine Notwendigkeit aufgefasst werden. Nur unter der Voraussetzung von Altern und Tod kann sich Leben evolutiv weiterentwickeln und anpassen.

JAGD & MANAGEMENT

Im Herbst heißt es für den Rehjäger erneut, aktiv zu werden. Das bedeutet, gerade den September in der ersten Hälfte intensiv zu nutzen. Denn zu diesem Zeitpunkt haben Rehe in ihrer Aktivität ihr Jahreshoch. Nach dem April ist Rehwild zu keiner anderen Phase so gut zu bejagen wie jetzt.

ANSITZ IM HERBST

Im Frühherbst und v. a. September sind die Tage noch recht lang und bieten damit gute Aussichten auf eine erfolgreiche Bejagung des jetzt sehr agilen Rehwildes.

WETTERBEDINGUNGEN

Wie auch in den anderen Jahreszeiten gibt es Wetterbedingungen, die den Jagderfolg reduzieren und andere, die ihn begünstigen. Dieser wetterabhängige Jagderfolg konnte klar belegt werden (BAUR et al. 2021): Bei der Analyse von 65 000 Einzel- und Drückjagden stellte sich die Temperatur als entscheidende Größe heraus (BAUR et al. 2021). So ist Rehwild bei kaltem und stürmischem Wetter vergleichsweise inaktiv. Ungewöhnlich hohe Herbsttemperaturen führen ebenfalls zu einer geringeren Aktivität des Wildes. Gleiches gilt für anhaltenden Regen. Auch windiges Wetter ist hinsichtlich Aktivität des Rehwilds und der jagdlichen Erfolgschancen problematisch. Umgekehrt steigen die Chancen bei windstillen, kühleren Wetterlagen, da Rehe hier am aktivsten sind. Grundsätzlich eignen sich im Herbst sowohl die Morgen- als auch die Abendstunden zum Ansitz.

WICHTIG – DER ANSITZPLATZ

Sehr bedeutend ist die richtige Wahl des Ansitzplatzes. Die Grundlage dafür ist ein gutes Netz aus Hochsitzen, das die Hauptwindrichtung berücksichtigt. Jagd soll aber auch möglich bleiben, wenn der Wind mal aus einer anderen Richtung weht.

Starker Wind und Regen sind keine guten Voraussetzungen für erfolgreiches Jagen.

Ob an einer Äsungsfläche oder einem Wechsel – leichte Erreichbarkeit ist wichtig.

TIPP

Seien Sie als Jagdherr großzügig mit Abschussfreigaben. Einschränkungen bedeuten, dass sich die Erfüllung der Pläne unnötig hinauszögert, denn was im Herbst bereits erlegt ist, braucht nicht mehr im Winter geschossen zu werden. Den Rehen dann Ruhe zu gönnen, hilft, den Winterverbiss zu reduzieren.

Aufgrund der hohen Aktivität der Rehe im Frühherbst ist ein Ansitz an einem Wechsel oder einer Äsungsfläche gleichermaßen erfolgversprechend. Wichtig ist, dass die Tiere nicht zu dicht an potenziellen Einständen bzw. Ruheplätzen liegen, sodass der Ansitz ruhig und unauffällig erreichbar ist. Dazu gehört auch, Pirschsteige zu den Kanzeln anzulegen und frei zu halten.

EIGENES VERHALTEN

Mit seinem Verhalten vor und nach dem Schuss bereitet der Jäger gewissermaßen auch den Erfolg künftigen Jagens vor, denn Rehwild wird bei Fehlverhalten systematisch misstrauisch gemacht.

Der Schuss selbst erzeugt eine moderate Störung. Zum tatsächlichen Problem wird er, wenn dem Wild Möglichkeiten der Verknüpfung gegeben werden. Rechnen Sie auch damit, dass anderes Rehwild, das nach einem Schuss flüchtet, noch aus der Deckung heraus sichert und den sich bewegenden Jäger wahrnimmt. Warten Sie also auch beim Herbstansitz nach dem Schuss eine ausreichende Zeit, bis Sie den Hochstand verlassen.

ETAPPENZIELE

Versuchen Sie, sich Zwischenziele zu setzen. Das bedeutet, dass Sie etwa ein Drittel der zu erlegenden Rehe auf der Frühjahrsjagd erlegt haben wollen. Bis Ende September sollten Sie inklusive der Blattjagd ein weiteres Drittel geschossen haben. Das verbleibende Drittel bleibt dann dem Frühwinter und den Drückjagden vorbehalten, sodass die Jagd zum Jahreswechsel eingestellt werden kann.

Auch im Herbst gilt natürlich: Die Beute wird erst „in Besitz genommen", wenn die Bühne vor dem Hochsitz leer ist. Sonst verknüpfen andere Rehe schnell Hochsitz – Mensch – Schuss.

AUF PIRSCHGANG

Die Pirsch ist eine überaus erlebnisintensive Jagd. Der Jäger kann hierbei das Geschehen aktiv gestalten. Sein Jagderfolg ist dabei in hohem Maße von den eigenen Fähigkeiten abhängig. Unbedachtes Umherirren bringt mehr Unruhe als Erfolg, die Pirschjagd will also wohldurchdacht und geplant sein. Dass mehr Reviere leergepirscht als leergeschossen wurden, ist keine hohle Phrase.

WINDPRÜFUNG

Setzen Sie die Pirsch also gezielt und sparsam ein. Pirschen Sie dort, wo auch Erfolg zu erwarten ist. Eine präzise Revierkenntnis ist dazu unabdingbar. Das Wegenetz und Pirschsteige müssen dazu genauso vertraut sein, wie die Einstände, Wechsel und Gewohnheiten des Wildes.

Wie bei allen Jagdarten ist die Windrichtung ein sehr wichtiger Erfolgsfaktor. Sie können noch so geräuscharm gepirscht sein – es wird nicht viel nutzen, wenn der Wind nicht passt. Verschaffen Sie sich also immer wieder Klarheit über die Windsituation. Jagd-Apps können helfen, die grobe Windrichtung schon von daheim aus zu kontrollieren. Dies hilft bei der Planung einer Pirsch. Es ersetzt natürlich nicht, sich der konkreten Situation im Revier zu vergewissern, wenn nötig mit lautlos dahinschwebenden Seifenblasen. Haben Sie immer welche dabei!

Seifenblasen sind ein idealer Windanzeiger auf der Jagd.

TARNKLEIDUNG

Gerade bei der Pirsch muss der Jäger unauffällig sein. Tarnkleidung sollte deshalb auf der Pirsch dazugehören, da einfarbige Kleidung – auch in gedeckten Farben – den Jäger schneller verrät.

Man sollte sich darüber im Klaren sein, was Rehwild zu erkennen imstande ist und was nicht. Gehörte es früher z. B. zum guten Ton, seine jagdliche Kleidung einfarbig grün zu halten, muss das aus heutiger Sicht hinterfragt werden. Was aus ästhetischen und traditionellen Gründen als schön und angemessen aufgefasst wird, kann aus jagdstrategischen Gesichtspunkten äußerst kontraproduktiv sein. So ist ein einfarbig grün gekleideter Jäger für Rehe stets besser auszumachen, als ein Jäger in Tarnkleidung, selbst wenn diese auffällig gefärbt ist.

WÄRMEBILDGERÄT UND SCHIESSHILFE

Auf der Pirsch nutze ich auch gern ein Wärmebildgerät. Dies ist enorm hilfreich, da Wild damit deutlich schneller und besser erkannt werden kann.

Ein drittes unverzichtbares Utensil sind der Schießstock oder eine Schießschere. Idealerweise bieten Schießhilfen die Möglichkeit, sowohl Vorder- als auch Hinterschaft aufzulegen. Das gewährleistet Stabilität und so eine äußerst präzise Schussabgabe. Von Vorteil ist außerdem, dass man auch das Fernglas auf einer Schießhilfe auflegen kann.

01

02

01 Auf der Pirsch sind Tarnfarben angesagt. Einfarbiges Lodengrün wird vom Rehwild zu leicht wahrgenommen.

02 Schießschere: Vorder- und Hinterschaft der Waffe können aufgelegt werden.

REHWILD UND SEHEN

Anders als wir Menschen verfügen Rehe lediglich über zwei Rezeptortypen im Auge: grün- und blauempfindliche. Dies hängt damit zusammen, dass Rehe sich im Laufe ihrer Evolution an die Anforderungen des jeweiligen Lebensraumes angepasst haben. Dazu gehört es, in den Aktivitätsphasen während der Dämmerung und in der Nacht das dominierende blaue Licht auszunutzen. Die Augen des Rehwildes sind in dieser Zeit denen des Menschen überlegen, da sie das wenige Licht viel besser „verwerten" können. Zudem verfügen Rehe über ein sehr ausgeprägtes Bewegungssehen, was insbesondere den Jäger auf der Pirsch schnell verraten kann.

IDEAL: DER VORMITTAG

Zur Pirsch nutze ich gern den Vormittag. Anders als in der Dämmerung ist das Wild jetzt inaktiver und weniger wachsam. REIMOSER (2013) konnte zeigen, dass Rehwild auf gleiche Störungen deutlich weniger reagiert, wenn es sich im Ruhezustand befindet. Dies dürfte ganz sicher auch daran liegen, dass es sich dort in Deckung befindet. Die Pirsch am Vormittag hat den Vorteil, zeitlich nicht in Not zu geraten, wenn es doch einmal länger dauern sollte. Sehr günstig ist, wenn es am Vortag geregnet hat, denn dann ist der Untergrund weniger verräterisch. Wind – wenn es nicht stürmt! – halte ich persönlich für unproblematisch. Im Gegenteil: Er dämpft die eigenen Geräusche. Ist es sehr trocken oder liegt verharschter Schnee, bleiben Sie besser daheim – eine geräuschlose Pirsch ist unter solchen Witterungsbedingungen unmöglich und die Aussicht auf Strecke ohnehin gering.

JAGDSTRECKE STATT WEGSTRECKE

Wer bei der Pirsch schwitzt, ist in der Regel zu schnell unterwegs. Es geht bei dieser Jagdart nicht darum, Wegstrecke zu machen. Bleiben Sie gerade in sensiblen Bereichen alle zehn Meter stehen und kontrollieren Sie die Lage. Bekannter Spruch: „Gekonntes Pirschen-Gehen ist eher Pirschen-Stehen."

ANGEHEN

Haben Sie ein Stück ausgemacht, vermeiden Sie schnelle Bewegungen. Insbesondere „das Winken" mit dem Fernglas kann schnell dazu führen, dass Sie sich verraten. Verschaffen Sie sich einen Eindruck von der Gesamtsituation: Wie viele Stücke sind es und welche davon kommen zum Abschuss infrage? Oft springen Stücke nach dem Schuss nur wenige Meter ab und verhoffen dann nochmal kurz. Dies kann die Gelegenheit sein, ein weiteres Stück zu erlegen. Achten Sie peinlichst auf Kugelfang!
Hat Sie ein Stück trotz aller Vorsicht doch mitbekommen, ist es ratsam, sich einfach wie ein Spaziergänger zu verhalten. Entfernen Sie sich dazu laut sprechend vom Ort des Geschehens. Das Rehwild wird dann weniger misstrauisch sein, nur kurz flüchten und es nicht mit dem Jäger in Verbindung bringen.

01

JAGD ALS STÖRFAKTOR

Rehe werden bezüglich ihrer kognitiven Fähigkeiten deutlich unterschätzt. Besonders im Vergleich zu anderen Wildarten kommen sie fälschlicherweise sehr schlecht weg. Entgegen der Vorstellung, dass es sich beim Rehwild um eine „stumpf" und weitgehend gleichförmig reagierende Art handelt, belegen neue Ergebnisse zweifelsfrei den ausgeprägten individuellen Charakter von Einzeltieren. Tatsächlich ließen sich bei Rehen Individuen mit verschiedenen Persönlichkeiten nachweisen: Manche waren von Natur aus sehr heimlich und vorsichtig, während der „Draufgängertyp" grundsätzlich eine geringere Scheu aufwies.
Das Verhalten wird zusätzlich von individuellen Erfahrungen geprägt. Rehe reagieren auf ihre jeweilige Umwelt, passen sich an menschliche und andere Aktivitäten ihres Lebensraumes an und stimmen ihren Rhythmus darauf ab.

EINBLICKE INS REHLEBEN

Das Verhalten der Rehe wird selbstverständlich auch durch die Jagd beeinflusst. Rehwild ist in der Lage, gefährliche Flächen zu identifizieren und gezielt zu meiden. Insbesondere der Abschuss von Artgenossen kann

02

01 Pech gehabt, schon entdeckt … Benehmen Sie sich jetzt normal, reden Sie laut und entfernen Sie sich.

02 Manche Rehe bleiben über Jahre nahezu unsichtbar, wie Studien gezeigt haben.

TIPP
Wir müssen uns darüber im Klaren sein, dass Jagd nicht ohne Folgen bleibt und im Ergebnis Meidungsstrategien der Rehe hervorruft. Sobald wir im Revier sind, treten wir mit unserer Umwelt in Wechselwirkung und werden Teil des Systems.

dazu führen, dass bestimmte Flächen für längere Zeit nicht mehr aufgesucht werden. Studien an besenderten Tieren zeigen, dass sich Rehe unter diesen Umständen noch mehr als ohnehin schon in deckungsreiche Strukturen zurückziehen und für die Jäger praktisch unsichtbar bleiben. Wir glauben nach einem solchen plötzlichen „Verschwinden" schnell, dass das Stück beim Nachbarn erlegt worden oder weggezogen sei. Die Raumnutzungsstudien widerlegten diese Annahme jedoch auf beeindruckende Art und Weise.
Sicher kann man einzelne Beispiele nicht verallgemeinern, denn Rehe reagieren auf Störungen sehr individuell. Es verdeutlicht aber auch, dass Rehe in der Lage sind, Probleme zu übertragen. So können sie lernen, dass es für sie sicherer ist, den Freiflächen fernzubleiben (s. S. 89).

STÖRUNGSARM JAGEN – DUBLETTEN ERWÜNSCHT!

Folgende Tipps können dazu beitragen, die jagdbedingte Störung des Rehwilds zu reduzieren und es nicht unnötig „schlau" und heimlich zu machen.

1. Weibliches Rehwild ist anders als Rehböcke nicht streng territorial. Dennoch sind alte Ricken oft sehr unverträglich (s. Kasten S. 107). Schmalrehe und andere Ricken werden von ihnen vertrieben. Sie haben über die Jahre ihres Lebens gelernt, sich im Kampf um vorhandene Ressourcen gegen Artgenossen durchzusetzen. Ihr Abschuss entlastet also doppelt.
2. Haben Sie ein Kitz beziehungsweise beide Kitze erlegt, so sollten Sie auch die Ricke strecken – sofern dies möglich ist. Der Abschuss verhindert, dass das weib-

Wann immer möglich, sollten Kitz und Ricke gestreckt werden, sonst wird die Ricke „aus Schaden klug" und heimlich.

liche Stück „schlauer“ wird und von Jahr zu Jahr heimlicher oder gar vermeintlich unsichtbar wird.

3. Setzen Sie nach dem Abschuss des Nachwuchses ruhig den Kitzfiep ein. Die Ricke wird gerade zu Beginn der Jagdzeit im September sehr gut darauf reagieren und zustehen. Moralisch verwerflich ist das nicht, Böcke locken wir ja genauso an. Diese Methode klappt morgens besser als am Abend. Denn manchmal dauert es eine Weile, bis die Ricke nach dem Abschuss ihrer Kitze auf den Ruf zusteht. Am Abend erscheint sie oft erst nach Schwinden des Büchsenlichts.
4. Wenn sich die Gelegenheit ergibt, versuchen Sie das Wild vor dem Schuss etwas weiter auf die Äsungsfläche ziehen zu lassen, damit die Ricke nach dem Schuss nicht gleich in der Dickung verschwinden kann. Liegt das Kitz im Knall, verhofft die Ricke meistens noch einmal. Das ist die Chance, auch sie zu strecken. Wo erlaubt, hilft etwas Apfeltrester, die Rehe in Anblick zu bekommen
5. Jagen Sie antizyklisch. Rehe haben über die 24 Stunden eines Tages verteilt etwa neun Aktivitätsphasen. Diese konzentrieren sich zwar auf Zeiten in denen der Mensch inaktiv ist (Dämmerung und Nacht), aber nicht ausschließlich. Gerade in ruhigen Bereichen des Reviers ist Rehwild auch tagsüber aktiv und kann gut bejagt werden.
6. Vermeiden Sie es, immer nur ihre Lieblingssitze aufzusuchen. Durch Abfährten lassen sich Wechsel bestätigen. Dort gilt es, bei gutem Wind anzusitzen. Dabei kommen oft Stücke zur Strecke, die jahrelang im Verborgenen blieben und nie erlegt worden wären. Hinweis: Nur die Hälfte der Rehe kommt tatsächlich durch die Jagd zur Strecke!
7. Verhalten Sie sich nach dem Schuss ruhig. Achten Sie peinlichst darauf, dass anderem Rehwild nach der Schussabgabe keine Gelegenheit gegeben wird, eine Verbindung zwischen Knall und Menschen herzustellen – also erst zum Stück, wenn die anderen Rehe weggezogen sind.
8. Obwohl Sie Strecke machen sollten, wenn sich die Gelegenheit dazu bietet, ist der Grundsatz „Jung vor Alt“ immer zu berücksichtigen. Die Bindung des Kitzes an die (führende) Ricke ist auch im Winter noch sehr hoch. Da heißt es, mit Herz und Verstand zu jagen. Wenn auch die Ricke zu diesem Zeitpunkt nicht mehr überlebensnotwendig ist, produziert ihre Erlegung auch jetzt noch eine Waise.

Ist die Ricke abgesprungen, steht sie oft auf den Kitzfiep erneut zu. Zur Blattzeit locken wir schließlich auch.

„KAMPFRICKEN“

Wie vor einiger Zeit dokumentiert wurde, können sich ältere Ricken unter Umständen höchst aggressiv verhalten. In diesem schier unglaublichen Fall attackierte eine ältere Ricke ein Schmalreh wieder und wieder. Dabei biss sie derart heftig und anhaltend in den Nacken und in den Bereich der Drossel, dass das Stück daran verendete (ROVIANI 2014). Sicher sind solche Ereignisse nicht verallgemeinerungsfähig, sie belegen aber, welches Aggressionspotenzial auch unter weiblichen Stücken besteht.

Erlegen Sie Kitze – am besten mit Ricke – so früh wie möglich. Früh straff zu jagen, bedeutet mehr winterliche Ruhe für das Wild.

MIT DER KITZJAGD WARTEN?

Die Frage, ob es sich lohnt, mit der Kitzjagd bis in den Winter zu warten, ist klar mit Nein zu beantworten. Selbstverständlich haben Kitze dann schon etwa zehn Kilogramm, während es im September im Schnitt nur achteinhalb Kilogramm sind. Ab Oktober geht aber die Aktivität des Rehwilds zurück, was seine Bejagung erheblich erschwert. Die „zehn Kilogramm" kommen dann einfach nicht mehr zur Strecke. Nutzen Sie also ihre Chancen konsequent. Denn auch hier gilt, dass durch eine straffe Jagd im Herbst dem verbleibenden Wild mehr Ruhe im Winter gegönnt wird.

REHWILDNACHSUCHE

Welcher Jäger kennt es nicht: Irgendetwas hat nicht gepasst und das anvisierte Stück Wild liegt nicht an der erwarteten Stelle. In solchen Fällen ist eine gründliche Nachsuche unerlässlich, doch leider wird gerade beim Rehwild oft auch auf vermeintlich selbstverständliche Dinge nicht geachtet. Bei keiner anderen Wildart werden so viele Fehler gemacht wie bei unserer kleinsten Schalenwildart.

SITUATION GENAU EINPRÄGEN

Eine erfolgreiche Nachsuche beginnt im Grunde bereits mit der Schussabgabe. Sich den genauen Standort des Wilds beim Schuss sowie die Fluchtrichtung einzuprägen, ist geradezu ein Muss. Merken Sie sich also markante Geländepunkte in der näheren Umgebung des Wildes, um später rasch den Anschuss finden zu können. Handelt es sich um unübersichtliches Gelände, kann es sinnvoll sein, die visuell eingeprägten Landschaftsmarken im Auge zu behalten und eine zweite Person vom Hochstand aus zum Anschuss zu dirigieren. Verlässt man selbst den Hochstand übereilt, stellt sich aus einer anderen Perspektive das

Gelände schnell nicht mehr so dar wie vom Hochsitz aus und man verliert über kurz oder lang den Überblick.
Auch das Verhalten des Wildes während des Schusses kann wichtige Hinweise für die Nachsuche liefern. Rehe versuchen im Moment des Projektileinschlags, dem Schuss bzw. Schmerz gewissermaßen in die entgegengesetzte Richtung auszuweichen. Ein Tiefblatt-Treffer führt beispielsweise dazu, dass das Wild eher nach oben abspringt, während es auf einen Weidwundschuss mit einem Karpfenrücken reagiert.

KONTROLLSUCHE IST PFLICHT!

Am Anschuss selbst heißt es, sich Zeit zu nehmen und ihn gewissenhaft zu untersuchen. Schweiß und Schnitthaar liefern wichtige Informationen zum Sitz des Geschosses. Findet man keine Pirschzeichen am Anschuss, heißt das auch beim Rehwild nicht, dass gefehlt wurde. Auch in solchen Fällen darf auf eine Kontrolle mit dem Hund auf keinen Fall verzichtet werden.
Gleiches gilt, wenn ein Kugelriss gefunden wurde. Entgegen der immer noch verbreiteten Meinung bedeutet das nämlich nicht zwangsläufig Fehlschuss. Auch der aus dem Wildkörper austretende Projektilrest kann einen Kugelriss verursachen! An zahlreichen von mir selbst untersuchten Anschüssen fand sich dieses Pirschzeichen, obwohl das Stück nachweislich getroffen worden war.

FLUCHTDISTANZEN

Die Fluchtdistanzen bzw. die sich daraus ergebenden Nachsuchenlängen variieren beim Rehwild erheblich. Rehwild mit einem Kammerschuss liegt mit sehr hoher Wahrscheinlichkeit innerhalb von einhundert Metern Entfernung zum Anschuss. Selbst bei Weidwundschüssen bleiben die Fluchtstrecken i. d. R. unterhalb von 500 m. Bei Vorderlaufschüssen betragen sie durchschnittlich etwa einen Kilometer.
Ich selbst halte es so, dass ich Kammerschüsse, Leber- und Weidwundschüsse, sofern eindeutig als solche erkennbar, selbst nachsuche.
Aufgabe des Jägers ist es, die Leistung des eigenen Hundes realistisch einzuschätzen und ggf. auf spezialisierte Gespanne zurückzugreifen.

WARTEN!

Ein wesentlicher Garant für eine Nachsuche, die zum Stück führt, ist die Wartezeit. Sucht man zu früh nach, erhöht man die Wahrscheinlichkeit, dass kranke Stücke wieder hoch werden. Und ein einmal aufgemüdetes krankes Reh stellt sich einem hetzenden Hund so gut wie nie, solange die Kraft irgendwie reicht!

Eine Kontrolle mit Hund muss sein – auch bei vermeintlichen Fehlschüssen!

WARTEZEIT – EIN MUSS!

In einer Studie wurden über 6000 Nachsuchen mit geprüften Hunden analysiert (KELLE 2020). Dabei stellte sich heraus, dass nach einer angemessenen Wartezeit sogar Laufschüsse mit einer Wahrscheinlichkeit von etwa 80 % gefunden werden. Selbst gekrellte Stücke oder solche mit nicht tödlichen Kopfschüssen kamen noch in ca. 40 bis 50 % der Fälle zu Strecke. Mit der Nachsuche zu warten und das Stück krank werden zu lassen, gilt entgegen der früher verbreiteten Lehrmeinung im Übrigen auch für Laufschüsse. Hier den Hund sofort zu schnallen, verringert die Erfolgschance beträchtlich!

Eine angemessene Wartezeit trägt dazu bei, die Stücke ausreichend krank werden zu lassen. Warten Sie also besser vier bis fünf Stunden, bevor sie mit der Suche starten. Die Erfolgschancen steigen dadurch selbst bei mäßiger Trefferlage deutlich. Die Stücke sind dann so geschwächt, dass es für den Hund einfacher ist, sie einzuholen und ggf. niederzuziehen.

Auch bei Laufschüssen gilt: warten und krank werden lassen!

AUF DER WUNDFÄHRTE

Auf der Wundfährte heißt es, den Hund zu lesen und seine Signale zu deuten. Jeder Hundeführer muss in der Lage sein, die Zeichen des Hundes zu interpretieren. Ist der Vierbeiner von der Fährte abgekommen, wird er zurückgesetzt und am letzten Pirschzeichen erneut angesetzt. Markierungsbänder helfen dabei, dieses schnell wiederzufinden. Auch entsprechende GPS-Geräte leisten hier gute Dienste.

Wird das Stück auf der Wundfährte hoch gemacht, muss schnell reagiert und auch bei ungünstigen Winkeln geschossen werden. In dieser Situation geht es allein darum, die Leiden des Stücks so schnell wie möglich zu beenden. Können Sie das Stück fassen, fangen Sie es mit einem Stich in die Lunge ab – geschossen werden darf grundsätzlich immer nur, wenn kein Hund nahe am Stück ist oder es sogar bindet.

Das Abfangen mit der kalten Waffe müssen Ungeübte zuvor an einem toten Stück üben und verinnerlichen. Verunfallte und nicht mehr verzehrfähige Stücke sind dafür sehr gut geeignet.

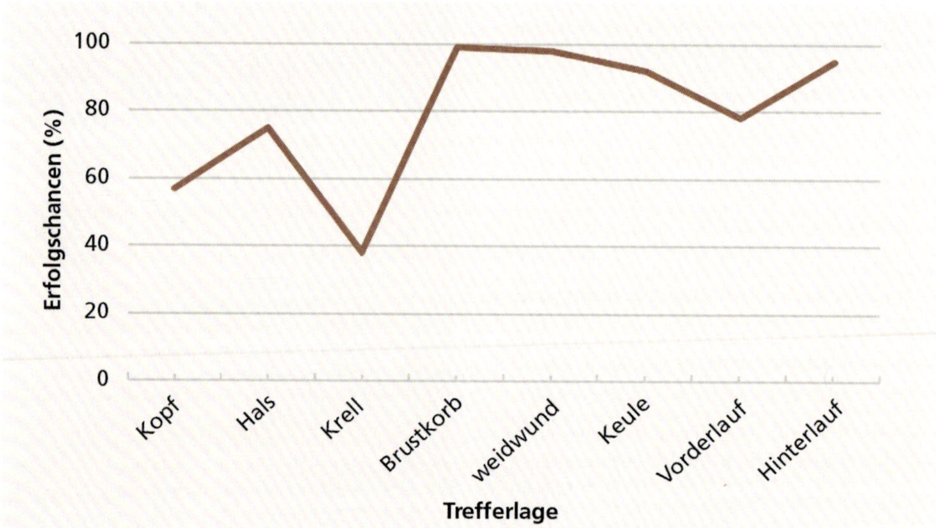

Erfolgreiche Nachsuchen in Abhängigkeit von der Trefferlage (nach KELLE 2020). Auch bei schlechten Schüssen wird das Stück mit hoher Wahrscheinlichkeit gefunden.

„IN DER RUHE LIEGT DIE KRAFT"

Bleiben Sie auch auf der Wundfährte ruhig und bedächtig. Rennen Sie nicht! Die Geschwindigkeit des Führers sollte beim Gehen so sein, dass sich immer ein Bein auf dem Boden befindet. Hier gilt: „Wenn du es eilig hast, geh langsam. Wenn du es sehr eilig hast, mach einen Umweg."

Ruhe zu bewahren, ist gerade auf der Wundfährte ein wichtiges Gebot. Am Riemen zählen Bedächtigkeit und Konzentration.

DER PERFEKTE SCHUSS

Um Fehlschüsse zu vermeiden, bedarf es zunächst mal geeigneter technischer Voraussetzungen. Passen Waffe und Schäftung, hat der Schütze ein gutes Gefühl. Dies ist auch erforderlich: Das nötige Vertrauen in die Waffe ist ein wichtiger Baustein für stabil gute Schießergebnisse.

ROUTINE

Neben der Technik ist selbstverständlich aber auch der Faktor Mensch entscheidend, denn etablierte Routinen und Gewöhnung helfen enorm im Hinblick auf die Treffsicherheit. Es ist geradezu auffällig, dass mit dem Beginn der Bockjagd vergleichsweise schlecht von der Jägerschaft geschossen wird – fehlende Praxis kann bereits nach wenigen Wochen zu Unschärfen führen. Umso größer also der Zeitraum des Nichtschießens war, desto höher ist die Gefahr schlechter Schüsse. Jagen zu gehen und ohne regelmäßige Praxis auf Tiere zu schießen, ist deshalb zu einem nicht unerheblichen Grad auch verantwortungslos. Schießen ist ein Handwerk. Je öfter man sich darin übt, desto besser wird man. Eine solide Erfahrung und eine gewisse Regelmäßigkeit sind hier zentrale Erfolgsfaktoren und sorgen für eine Selbstverständlichkeit, die im fraglichen Moment wertvolle Zeit spart. Üben bedeutet, sich auf dem Schießstand Sicherheit für die Jagd zu holen. Denn wie Gustav Freiherr von Fürstenberg schon vor vielen Jahrzehnten wusste, „fördert nichts mehr den Erfolg beim Schießen als das Treffen".

Wichtig ist dabei, dass die Vorgänge beim Schießen intuitiv als Automatismus ablaufen. Eine feste Handlungskaskade immer und immer wieder zu üben, führt dazu, etwas sprichwörtlich „im Schlaf" zu beherrschen. Beim Autofahren wissen die Beine auch von allein, was sie tun müssen, ohne dass man darüber nachdenken muss. Genauso kann unser Hirn auch den Schießablauf erlernen, sodass irgendwann auch gar nicht mehr darüber nachgedacht werden muss. Diese schlafwandlerische Sicherheit ist umso mehr in Situationen vonnöten, in denen der Schütze unter zeitlichem und/oder mentalem Druck steht. Und solche ergeben sich bei der Jagd zwangsläufig oft genug.

NICHT „AUGEN ZU UND DURCH"

Um die eigenen Abläufe bei der Schussabgabe besser zu überwachen, empfehle ich, sie mit dem Handy (in Zeitlupe) aufzuzeichnen. Dabei zeigt sich schnell, wo die Probleme im Einzelnen liegen. Fehlverhalten wie Mucken oder Reißen während der Schussabgabe, lassen sich damit schnell identifizieren. Denn aus oft unbewusster Furcht vor Knall und Rückstoß und im Bemühen, die Schusssituation schnell hinter sich zu bringen, werden die Augen geschlossen und es wird abge-

drückt. Dies führt unweigerlich zu schlechten Schüssen und muss abgestellt werden. Tatsächlich sollte der Schuss also ganz bewusst abgegeben werden, indem man sich aktiv der Situation stellt.
Es ist günstig, dies von einem Schießbock aus zu üben. Dabei ist die Präzision des Schusses zunächst unerheblich. Es geht vielmehr darum, dass Knallereignis und den Rückstoß als etwas völlig Normales wahrzunehmen sowie jede Scheu davor zu verlieren. Ein Gehörschutz ist dabei hilfreich und Ihre Ohren werden es Ihnen im Alter auch danken. Außerdem bedarf es dazu eines bestimmten Mindsets, denn gutes Schießen beginnt im Kopf.
Lassen Sie beide Augen bei der Schussabgabe offen und kontrollieren Sie Ihr Verhalten durch die Aufzeichnungen. Die „Videoüberwachung" wird etwas Druck aufbauen, führt aber zum richtigen Ergebnis. Relativ schnell werden Sie dadurch erreichen können, dass die Augen beim Schuss offenbleiben. „Schusshärte" ist einfach eine wesentliche Voraussetzung für gute Schützen.

DAS ABZIEHEN

Ist dieses Zwischenziel erreicht, muss an der Präzision gearbeitet werden. Wesentlich ist dabei die Abzugskontrolle. Auch dieser Vorgang lässt sich mit dem Video überwachen. Ziel muss es sein, sich langsam an den Druckpunkt heranzuarbeiten und dann, ist dieser erreicht, ebenso langsam durchzuziehen. Am Ende des Prozesses schießt man ohne „Mucken und Reißen" mit hoher Genauigkeit auf die anvisierten Ziele. Umso mehr Routine sich dabei etabliert hat, desto höher ist das Selbstbewusstsein.
Dieses Vertrauen in die eigenen Fähigkeiten führt zu noch besseren Schüssen – ein Kreislauf, der sich also selbst verstärkt. Aus der Neurophysiologie wissen wir heute, dass dies zu einer Ausschüttung von Dopamin führt und dies wiederum eine positive Verstärkung nach sich zieht.

ERFOLGSKONTROLLE

Selbstverständlich ist die eigene Leistungsfähigkeit nicht unendlich steigerbar. Deshalb muss man sich stets auch der eigenen Grenzen

Üben Sie, beim Schusss beide Augen offenzuhalten.

Schalldämpfer schützen nicht nur die Gesundheit, sondern können auch unterbewusste Schussangst abbauen.

klar sein. Dies gilt beim Schuss auf ein Stück Wild natürlich umso mehr. Um die eigenen Ergebnisse langfristig im Blick zu halten, lohnt sich ein Schussbuch. Darin notieren Sie Ihre Trainingsergebnisse, aber auch die des jagdlichen Alltags. Eine gute Dokumentation und Nachbereitung sind ebenfalls wichtige Grundlagen für gute Ergebnisse.

ERFOLG IST KEIN ZUFALL

Für den perfekten Schuss gibt es nicht die eine goldene Regel. Tatsächlich bildet ein Faktorenkomplex die Grundlage für gute Schießergebnisse. Diese müssen immer wieder erarbeitet bzw. konserviert werden. Dazu gehört das regelmäßige Training auf dem Schießstand, aber auch eine gewissenhafte Analyse der eigenen Leistung. Neben dem Erarbeiten von Handlungsabläufen und Routinen als unerlässlichen Grundlagen braucht es auch den Glauben an sich und das eigene Können, um verlässlich den perfekten Schuss abrufen zu können.

SCHALLDÄMPFER

Heute sollte sich niemand mehr scheuen, einen Schalldämpfer oder Ohrenschützer zu verwenden. Ein guter Schalldämpfer bzw. Gehörschutz vermag den Schalldruck um jeweils bis zu 30 dB zu senken. Dies kann erheblich dazu beitragen, die Angst vor dem Schuss zu verlieren und die Schießleistung zu verbessern. Außerdem wird das Gehör vor irreversiblen Verletzungen geschützt. Schalldämpfer schützen nicht nur die Jägerohren, sondern die seines vierbeinigen Gefährten.

ANGST FRISST HIRN

Gäbe es keinen Knall beim Schießen, wären die Schießergebnisse deutlich besser. Doch in Erwartung des Knallgeräusches und Rückstoßes wird ein angstähnlicher Zustand entwickelt, der präzise Schüsse verhindert. Angst ist aber nicht nur beim Schießen ein schlechter Berater. Wissenschaftliche Untersuchungen zeigen, wie stark die geistige Leistungsfähigkeit eingeschränkt werden kann, wenn Menschen Angst haben. Untersuchungen zeigen z. B., dass Angst vor dem Fach Mathematik zwangsläufig zu schlechteren Ergebnissen führt. Ein positives Umfeld und Selbstsicherheit führen nachweislich zu besseren Ergebnissen. Dies gilt für die Mathematik, aber auch fürs Schießen

Drei Stück Rehwild bei einem Ansitz zu erlegen, ist effizient – als einzige Stücke des Jahres im Revier aber nicht effektiv.

WIE EFFEKTIV SIND WIR?

Ein befreundeter Jäger erzählte mir jüngst, wie effektiv er seine Rehe bejage. Sehr anschaulich und mit Begeisterung legte er mir seine Ansätze dar. Die Frage, die sich mir dabei sofort stellte, war: „Wie hat er überprüft, ob er tatsächlich einen Effekt erzielt hat? Oder glaubt er einfach, dass er effizient gejagt hat?"

Generell ist in Theorie und Praxis immer wieder zu erleben, dass einige Dinge begrifflich falsch benannt und verwendet werden, was schnell zu Missverständnissen führt. Um dem aus dem Weg zu gehen, kann es nicht schaden, sich mit einigen Begriffen näher auseinanderzusetzen. Ohne eine konkrete Benennung und Definition bestimmter Vorgänge werden deren Sinn und Zusammenhang nicht deutlich.

KORRELATION VS. KAUSALITÄT

Ein Begriff, der sowohl im allgemein naturwissenschaftlichen als auch jagdlichen Sinne relevant ist, ist die Kausalität. Kausalität meint die Frage nach der Ursache von etwas. Eine zentrale Frage besteht darin, ob zwischen einer wie auch immer gearteten Einflussnahme auf ein System und dessen Reaktion tatsächlich eine unmittelbare Ursächlichkeit, Kausalität eben, besteht oder nur eine scheinbare. Darin liegt der Unterschied zur Korrelation. Bedauerlicherweise werden diese beiden Begriffe immer wieder falsch verwendet.

Ein frei gewähltes Beispiel soll uns behilflich sein, den Unterschied zu verstehen: Es ist wissenschaftlich belegt, dass Hundehalter ein höheres Durchschnittsalter erreichen als andere Menschen. Demnach besteht eine Korrelation zwischen dem Besitz eines Hundes und dem erreichten Lebensalter. Nun reicht es aber nicht, sich einfach einen Hund zu kaufen, um älter zu werden, denn der tatsächliche Zusammenhang ist eben ein anderer. Die Kausalität für diese Korrelation besteht schlicht darin, dass sich Hundehalter regelmäßig bewegen und dies ihrer Gesundheit zuträglich ist. Nicht der Hund selbst ist die Ursache der höheren Lebenserwartung seines Halters. Nur eine Kausalität beschreibt einen direkten ursächlichen Zusammenhang, und der besteht zwischen Hund allein und Menschenalter nicht.

EFFIZIENT VS. EFFEKTIV

Kehren wir aber zum Eingangsbeispiel meines Mitjägers zurück. Eine grundsätzliche Definition des Wortes effizient lautet: eine hohe Wirksamkeit, die mit verhältnismäßig geringem Aufwand erreicht wird. Kleiner Aufwand, großer Nutzen.
Effizienz ist damit scharf von der Effektivität zu unterscheiden. Diese meint einfach einen sehr großen Nutzen, egal welcher Aufwand dafür betrieben wird. Wenn ein Jäger also innerhalb eines Zeitintervalls dreimal zur Jagd geht und dabei drei Stück Rehwild erlegt, dann ist er effizient, denn pro Ansitz

> **TIPP**
> Wie man jagt, darf keine Frage von „alt" oder „modern" sein, sondern muss sich allein nach der Effizienz und Effektivität richten.

kommt rechnerisch ein Stück Wild zur Strecke. Erlegt ein anderer Jäger bei 50 Ansitzen 25 Stück Rehwild, dann ist er weniger effizient, weil er nur bei der Hälfte der Ansitze erfolgreich war. Er ist allerdings effektiver, denn pro Flächeneinheit hat er deutlich mehr Stück Wild erlegt. Mit einer höheren Effektivität erzielt er also – wie das Wort besagt – einen größeren Effekt auf die Population. Sie können also effizient jagen, ohne dabei effektiv zu sein.

DRÜCKJAGD – KLEIN ODER GROSS?

Wie effizient sind nun unterschiedlich groß angelegte Bewegungsjagden? Zur Klärung wurden in einer Oberförsterei in Brandenburg kleine Drückjagden mit bis zu

Was ist besser – kleine oder große Bewegungsjagden? Bei Vergleichen in Brandenburg erwiesen sich kleine Jagden als deutlich effizienter. Die Effektivität hängt aber von den absoluten Erlegungszahlen ab.

Aufwand und Nutzen sollten in einem vernünftigen Verhältnis stehen – persönliche Mitschriften helfen bei der Wahl der richtigen Strategie.

20 Schützen und groß angelegte Jagden mit bis zu 100 Schützen verglichen. Dabei stellte sich heraus, dass Erstere deutlich effizienter waren.

Bei den kleinen Jagden wurden durch umgerechnet 100 Schützen durchschnittlich 29 Stücke erlegt. Dies ist gleichbedeutend mit einer Effizienz von 29 %. Bei den großen Jagden lag die Effizienz bei lediglich ca. 15 %. Anders ausgedrückt: Während auf den großen Jagden nur etwa jeder siebte Schütze (errechneter Wert: 6,8) ein Reh zur Strecke brachte, war es bei den kleinen nahezu jeder dritte Jäger (3,4). Die vorsichtige Schlussfolgerung lautet zumindest für die Wildart Reh, dass kleinere Bewegungsjagden die effizientere Drückjagdform darstellten. Unbeachtet bei der Bewertung blieben allerdings die Fähigkeiten der Schützen. Denn einschränkend muss erwähnt werden, dass bei kleineren Jagden üblicherweise bevorzugt versiertere und schnelle Schützen eingeladen und möglicherweise auch aussichtsreichere Stände vergeben werden.

„HUNTING FOR FEAR"

Wie viel Einfluss die Jagd auf eine Rehpopulation tatsächlich ausübt, ist in hohem Maße von den lokal vorherrschenden Bedingungen abhängig und kann nicht pauschal angenommen werden. So existieren Populationen, die trotz großen jagdlichen Aufwandes weiter ansteigen.

Da der Jagdaufwand nicht beliebig steigerbar ist, müssen in diesen Bereichen jagdlich andere Wege gegangen werden. Das schiere Festhalten an der Herstellung einer zu erreichenden Dichte bzw. einer zu erzielenden Strecke ist in solchen Fällen nicht das Mittel der Wahl. Hier muss zur Verhinderung von Schäden gezielt an den Schadflächen gejagt werden. Im Ergebnis kann das sogar dazu führen, dass die jagdliche Effizienz sinkt und am Ende in Summe weniger erlegt wird. Man ist jedoch effektiv in der Verhinderung von Schäden.

Im englischen Sprachgebrauch hat sich für diese Strategie seit einigen Jahre der Begriff „hunting for fear" etabliert, der zum Ziel hat, Wild durch Jagd von gefährdeten Flächen fernzuhalten.

SYSTEMATISCHE JAGDANALYSE

In der Regel wird viel Zeit investiert, um die Rehjagd zu planen und zu organisieren. Oft wird dann aber versäumt, im Nachgang auch systematisch Informationen daraus zu gewinnen. Die gezielte Aufnahme und Analyse jagdlicher Maßnahmen gestattet aber wichtige Schlüsse.

Wie viel Ansitze/Stunden benötigt man für die Erlegung eines Stücks? Welche Jagdarten sind in meinem Revier effektiv? Welche Zeiträume sind am erfolgversprechendsten? Welche Standorte erweisen sich als günstig? Meist liegen zu diesen Fragen nämlich nur vage Vorstellungen oder gefühltes Wissen vor. Für wirklich brauchbare Informationen bedarf es aber belastbarer Daten. Und ohne eine Erfolgskontrolle können Optimierungsmaßnahmen nicht zielführend umgesetzt werden. Nur wenn Sie Ihr Jagen hinsichtlich seiner Effizienz überprüfen, können Sie neue Strategien auf rationaler Basis entwickeln.

TIPP

In meinem Revier habe ich eine Ansitzeffizienz von etwa sieben Ansitzen pro erlegtem Reh. Notieren auch Sie sich, wie oft Sie Rehe sehen und erlegen und vergleichen die Daten über die Jahre.

WINTER
— *angepasst durch harte Wochen*

WILDBIOLOGISCHE FAKTEN

Das Jahr geht seinem Ende entgegen und mit etwas Glück beschert der Winter auch einmal Schnee, der oft jagdliche Freuden verheißt. Dem Rehwild steht jetzt jedoch die entbehrungsreichste Zeit des Jahres bevor.

REHSPRÜNGE

Ab dem Spätherbst schließt sich Rehwild für den Winter zu Sprüngen zusammen. Die Führung wird in der Regel von einer erfahrenen Ricke übernommen.
Neue wissenschaftliche Daten deuten darauf hin, dass sich unter den Mitgliedern soziale Beziehungen ausbilden (BRUCKS et al. 2022). Dabei sind die Beziehungen der Mitglieder untereinander keineswegs gleichartig. Zwischen einigen Stücken bilden sich engere Verbindungen aus, während andere gemieden werden. Auch zwischen Rehen scheint es also so etwas wie „Chemie"zu geben. Wichtig ist auch die Erkenntnis, dass Rehwild zu höheren sozialen Fähigkeiten imstande ist, so wie wir sie von echten Rudeltieren kennen.

VON VIER BIS 500

Die Größe der Sprünge richtet sich nach verschiedenen Parametern. Bestandsdichte und Deckung sind dabei von größter Bedeutung. In deckungsreichen Waldbereichen bleiben die Sprünge in der Regel mit um die vier Stücken eher klein. In den Offenlandschaften können sie schnell 20 oder 30 Stücke groß werden. Unter Umständen wachsen sie auf auf bis zu 70 Stücke an. In Russland wurden bei Sibirischen Rehen Ansammlungen von bis zu 500 Stücken beobachtet.
Unter bestimmten Umständen kann es auch dazu kommen, dass sich den Sprüngen auch artfremde Stücke anschließen. STUBBE (2008) berichtet von einem Frischling, der inmitten eines Rehsprungs lebte. Er zeigte dabei ein vergleichbares Nahrungs- und Fluchtverhalten wie die Rehe.

Sprungbildung ab Spätherbst. In Waldbereichen schließen sich kaum mehr Rehe zusammen als hier.

Im Offenland können die Wintersprünge deutlich größer ausfallen als im Wald.

Ruhe- und Aktivitätsphasen wechseln in 24 Stunden mehrfach.

SCHLAF GUT ...

Die Sonne geht unter und taucht den Horizont in ein warmes Rot. Was ästhetisch aussieht, löst bei uns unbemerkt eine Reaktion aus: Rezeptoren in unserer Netzhaut registrieren das rote Licht und setzen eine Kaskade in Gang, die die Freisetzung von Melatonin in der Epiphyse zur Folge hat.
Melatonin ist das wichtigste Schlafhormon und reguliert den Tag-Nacht-Rhythmus. Grundsätzlich ist Schlaf ein Zustand weitgehender Bewusstlosigkeit und Teil der Tagesrhythmik (zirkadiane Rhythmik) von Wildtier und Mensch. Schlaf nimmt einen gewichtigen Anteil im Leben von Wildtieren ein, wobei Beutegreifer stets länger schlafen als z. B. Schalenwildarten. Unser Rehwild schläft etwa drei Stunden am Tag, in der kalten Jahreszeit länger als im Sommer (siehe Tabelle).

AKTIVITÄT UND SCHLAF

Rehe weisen jahreszeitenabhängig innerhalb eines Tages bis zu zwölf Aktivitätsphasen auf (WOLF 2013). In den dazwischenliegenden Ruhephasen wird anteilig auch fest geschlafen. Das Reh legt das Haupt dazu auf den Boden oder zwischen die Hinterläufe. Dabei durchlaufen sie wie alle Säugetiere verschiedene Schlafphasen.
Während beim Menschen vier Schlafphasen voneinander unterschieden werden, geht man bei vielen anderen Säugern von lediglich zwei Schlafphasen auf: die Tiefschlafphase, in der Gehirnaktivität und Gehirnströme runtergefahren werden, den sogenannten REM-Schlaf, bei dem Gehirnaktivität und Gehirnströme wieder aktiver und fast so hoch wie in wachem Zustand sind. Schlaf hat sich evolutiv sehr früh entwickelt. Insbesondere der REM-Schlaf scheint phylogenetisch sehr alt zu sein und ist demnach vielen Tieren eigen.

TIEFSCHLAF FÜR CLEVERE HIRNE

Der Tiefschlaf ist entwicklungsgeschichtlich eine eher „neuere" Entwicklung. Er ist besonders für höher entwickelte Hirne von enormer Bedeutung. Hinweise darauf, welche Funktionen der Tiefschlaf besitzt, ergeben sich, wenn er experimentell unterbunden wird. Dies hat entscheidenden Einfluss auf die Gedächtnisleistung des Tieres. Unter diesen Bedingungen können Informationen nun deutlich schwieriger in den Langzeitspeicher des Gehirns überführt werden.

Die Zwischenspeicherung endet dann im sogenannten Hippocampus. Schlaf ist demnach also ein zentraler Mechanismus, um Informationen langfristig zu speichern und eine Geistesleistung vollbringen zu können. Dies hat weitreichende Konsequenzen.

In einer jüngeren Untersuchung an Rehen konnte gezeigt werden, dass die Orientierung im Raum sowohl durch die aktuelle Wahrnehmung als auch und vordergründig durch das dort Erlebte beeinflusst wird. Das bedeutet, dass die Gedächtnisleistung (und indirekt damit auch der Schlaf) für ein adäquates Raum-Zeit-Verhalten verantwortlich sind. Die Entscheidungen der Rehe bei der Nahrungssuche basieren demnach in erster Linie auf jüngsten Erfahrungen, was es ihnen gleichzeitig ermöglicht, sich an plötzliche Veränderungen der Äsungsverfügbarkeit anzupassen (RANK et al. 2021).

ZAHLREICHE SCHLAFFUNKTIONEN

Schlaf hat aber noch deutlich mehr Funktionen. So dient er z. B. der Speicherung von Energie. Eine weitere Aufgabe ist die Stärkung des Immunsystems: Letzteres schüttet während des Schlafs besonders viele immunologisch aktive Verbindungen aus.

Darüber hinaus finden im Schlaf aber auch wichtige Regenerationsmaßnahmen wie der Abbau zellschädigender Radikale statt. Weitere Reparaturmechanismen werden angekurbelt und Wunden heilen schneller. Schlaf ist demnach also ein lebensnotwendiger Bewusstseinsverlust, der vielen Teilen des Körpers hilft, sich zu regenerieren.

Während seiner Ruhzeiten schläft Rehwild etwa drei Stunden täglich auch fest.

☞ TÄGLICHE SCHLAFZEIT DES REHS IN MINUTEN (LOCHMANN 1965)

MONATE	NOV–MRZ	APR–MAI	JUN–AUG	SEP–OKT
Schlafzeit	179	122	78	69

SCHLAFMANGEL

Um herauszufinden, welche Konsequenzen Schlafmangel nach sich zieht, führt man bis heute diverse Experimente durch. In entsprechender Tierversuchen konnte man nachweisen, dass andauernder Wachzustand nach einigen Tagen zum Tod führt (bei Ratten nach etwa zwei Wochen).
Beim Menschen geht man davon aus, dass bereits eine Nacht ohne Schlaf den Körper in einen Zustand versetzt, der etwa einer Promille Alkohol entspricht. Egal ob Wildtier oder Mensch, bei Schlafentzug steigt die Stresshormonausschüttung im Organismus immens an. Gleichzeitig wird die Immunabwehr herabgesetzt, was die Wahrscheinlichkeit, an einer Infektion zu erkranken, überproportional ansteigen lässt.

TRÄUMEN

Die Frage, ob Rehe oder andere Wildtiere tatsächlich träumen, beschäftigt die Wissenschaft schon länger. Auch wenn diesbezüglich noch viele Fragen offen sind, kann davon ausgegangen werden, dass sie es tatsächlich tun. Generell scheint in den Träumen offenbar das sogenannte „Mind-Mapping" eine verstärkte Rolle zu spielen. Dieses Konzept geht davon aus, dass die Tiere über eine geistige Karte ihrer Umwelt verfügen. Diese Karte wird in Träumen „durchgearbeitet". Möglicherweise dienen derartige Träume auch als eine Art Vorbereitung für künftige „Aufgaben". In Versuchen an Menschen konnte man in jüngerer Vergangenheit darüber tatsächlich Hinweise sammeln. Denn sogenannte Klarträumer – Menschen, die wissen, dass sie träumen – übten im Traum ein Spiel, dass sie dann auch später in der Praxis besser beherrschten.

DIAPAUSE – WUNDER DER NATUR

Das Reh ist unter den Hirschartigen die einzige Art mit einer sogenannten Diapause. Das bedeutet, dass in der Trächtigkeit von ca. September bis Januar ein Entwicklungsstillstand eintritt. Frühere Jungjägergenerationen haben jenes physiologische Phänomen noch unter dem Begriff Eiruhe kennengelernt. Da sich bei dessen Eintritt jedoch bereits die Frühphase eines Embryos entwickelt hat, muss es richtigerweise als Keimruhe oder embryonale Diapause bezeichnet werden. Der Embryo umfasst zum Zeitpunkt des Eintretens in seinen Ruhezustand viele Dutzend Zellen und weist einen Durchmesser von etwa einem Millimeter auf. In der Diapause kommt es zwar nicht zu einem kompletten Stillstand des Wachstums, Letzteres ist jedoch erheblich verzögert. Die Keimanlage schwimmt frei in der Gebärmutter und wird über die Oberfläche durch die ihn umgebende Uterusmilch ernährt.
In einem interessanten Lichtexperiment wollte man herausfinden, ob die länger werdenden Tage das Weiterwachsen der Embryonen initiierten. LINCOLN & GUINESS (1972) hielten Ricken unter künstlichen Lichtbedingungen. Sie ließen die Tage bis Ende Oktober kleiner werden. Danach steigerten sie Tageslängen und gaukelten ihnen

also die Wintersonnenwende vor. Wenn die länger werdenden Tage den Ausschlag für das Weiterwachsen sein würden, hätte der Geburtstermin deutlich früher liegen müssen, was jedoch nicht der Fall war. Die Biologen vermuten deshalb, dass das Ende der Keimruhe und das Weiterwachsen genetisch initiiert werden.

WINTERBESCHLAG BEI GLEICHEM SETZTERMIN

Die geringe Größe der Keimanlage ist der Grund, warum man früher annahm, dass die tatsächliche Brunft des Rehwildes im Winter stattfinden müsse. Aber schon damals nährten Gatterversuche Zweifel an dieser These. Dagegen sprach außerdem die Tatsache, dass in den Brunftkugeln der Böcke im Winter keine Spermienbildung mehr stattfindet. Eine Befruchtung ist jedoch trotzdem möglich: Samen können in den Nebenhoden bis in den Winter vorgehalten werden. Ein gewisser Anteil Ricken kann demnach auch noch im Winter beschlagen werden. Die Zahl der im Winter gezeugten Kitze liegt allerdings unter fünf Prozent.

Bei solchen Stücken vermutete man früher, dass sie besonders spät gesetzt würden. Auf den ersten Blick wird diese These durch Ergebnisse einer Studie in Baden-Württemberg unterstützt. In dieser Untersuchung zeigte sich, dass die letzten Kitze erst im August zur Welt kamen (BAUCH et al. 2014, s. Kasten S. 35)! Der Grund für derartig späte Setztermine ist jedoch unklar, denn bei im Winter beschlagenen Ricken entfällt die embryonale Diapause. Die Keimanlage nistet sich sofort ein und beginnt kontinuierlich zu wachsen.

Dank „Spermien-Vorratshaltung" in den Nebenhoden der Böcke können Ricken auch im Winter beschlagen werden.

WARUM EINE DIAPAUSE?

Ohne Diapause würde die eigentliche Tragzeit des Rehwildes bis zur vollständigen Entwicklung des Kitzes nur etwa fünf Monate dauern. Bei einem Beschlag im August kämen die Kitze dann mitten im Winter zur Welt und ihre Überlebenschancen lägen bei null. Infolge der Verlängerung der Tragzeit durch die Diapause werden die Kitze zu einem deutlich besseren Zeitpunkt gesetzt, denn im Frühjahr steht dem Rehwild viel bessere Äsung zur Verfügung und die höheren Temperaturen kommen dem noch schwachen Immunsystem der Kitze zugute. Dies alles muss selbstverständlich zu der Frage führen, warum die Brunft des Rehs nicht einfach ein paar Monate später stattfindet. Die Gründe dafür werden auch hier in erster Linie in der Ernährungsweise des Rehwilds in Kombination mit dem energetisch ungünstigen Oberflächen-Volumen-Verhältnis seines Körpers gesehen (s. a. S. 43). Die von dem Konzentratselektierer bevorzugte proteinreiche Äsung ist in den Wintermonaten in geringerem Umfang vorhanden als deutlich energieärmeres Raufutter.

Zwei Kitze zieht eine Ricke bei angepassten Rehdichten im Regelfall auf.

Durch eine Vorverlagerung der Rehbrunft in den Sommer wird sozusagen Zeit gewonnen – wertvolle Zeit, um sich zu regenerieren. Diese Regenerationsphase ist zum einen nach den Anstrengungen der Brunft vonnöten, zum anderen aber auch hinsichtlich der Aufzucht der nächsten Nachwuchsgeneration: Nachdem die Ricken ihre diesjährigen Kitze bis zum September gesäugt haben, kann sich ihr Organismus erholen und auf die nächste Trächtigkeit und das später einsetzende Wachstum der neuen Embryonen vorbereiten.

EIN BIS VIER KITZE

Ricken haben, wie erwähnt, ihre beste körperliche Kondition im Dezember (DEIPENBROCK 1985). Diese „Bestverfassung" ist auch nötig, um die kalte und nahrungsarme Phase im Januar/Februar sowie die kräftezehrenden Monate bis zum Setzen der Kitze gut zu überstehen. Dann sollten unter unseren Verhältnissen zwei gesunde und gut entwickelte Kitze zur Welt kommen. Wird nur ein Kitz gesetzt/geführt, ist meistens der Rickenanteil zu hoch.

Bei guter Kondition können Ricken aber auch drei Kitze oder gar vier Kitze führen (HEWISON & GAILLARD 2001). In diesen äußerst seltenen Fällen muss von einer hohen Jugendsterblichkeit ausgegangen werden. Ein geringes Geburtsgewicht und fehlende Immunkompetenz sind die Gründe dafür.

Bei Trachtenuntersuchungen konnten Wildbiologen sogar bis zu sechs Embryonen in der Gebärmutter von Ricken nachweisen! Ein Teil der Embryonen stirbt im Verlauf der Tragzeit jedoch oft ab und wird vom Körper resorbiert, d. h. abgebaut.

DIAPAUSE ÜBERALL

Die sogenannte Keimruhe kommt bei über hundert verschiedenen Arten in verschiedensten Säugetierordnungen vor, der in den verschiedenen Tierstämmen (Taxa) mehrfach und unabhängig voneinander entwickelt

KÄNGURU, KOALA UND VERWANDTE

Bei den Beuteltierarten entwickelt sich der Embryo in der Gebärmutter mit 11 bis 43 Tagen nur sehr kurz. Er kommt dann mit einem Gewicht von teilweise unter einem Gramm auf die Welt, wandert anschließend in den Beutel und bleibt dort über ein halbes Jahr. Interessant ist, dass unmittelbar nach der Geburt des sehr unterentwickelten Embryos die Mutter wieder empfängnisbereit und erneut gedeckt wird. Der neu entstandene Nachwuchs durchläuft in einem sehr frühen Stadium in der Gebärmutter eine Keimruhe. Ist der Beutel irgendwann „frei" – weil das Jungtier entwickelt und entwöhnt ist oder auch „verloren ging" – wird durch das Ausbleiben des Säugens die Entwicklung des Embryos in der Gebärmutter wieder „angeschaltet". Wenige Tagen darauf wird das nächste Jungtier geboren und dockt sich dann im Beutel an die Zitze an.

Auch Beuteltiere haben eine Diapause. Der Begriff Embryonalruhe ist schwierig, da oft eine Blastozyste ruht und kein Embryo.

wurde. Darunter finden sich Insektenfresser wie Fledermäuse, Nager und verschiedene Raubtiere wie Marder und Dachs. Auch Beuteltiere haben eine Art Diapause (s. Kasten). Unter den Paarhufern ist das Reh nach derzeitigem Kenntnisstand die einzige Spezies mit Keimruhe.

Wie genau die biologischen Mechanismen zur Steuerung der Diapause funktionieren, ist noch nicht zweifelsfrei geklärt. Bei Mink oder Dachs wurde durch Lichtexperimente herausgefunden, dass die Keimruhe durch die Tageslichtlänge geregelt wird. Gaukelte man den Tieren durch ein künstliches Lichtregime einen längeren Sommer vor, verlängerte sich auch die Dauer der Keimruhe. Auch wenn einige Rätsel zur Diapause bis heute noch ungeklärt sind, ist eines sicher: Unseren Rehen gewährleistet sie, dass Energieressourcen zum richtigen Zeitpunkt optimal zur Verfügung stehen.

GESCHLECHTERKAMPF

Oft lässt sich in unseren Rehpopulationen eine Abweichung vom angestrebten Geschlechterverhältnis 50:50 nachweisen, die nicht selten durch eine zu starke Entnahme männlicher Stücke entsteht. Es kommt jedoch auch vor, dass männliches Wild aufgrund seiner Lebensweise einer erhöhten Mortalität ausgesetzt ist und es dadurch zu einem Überwiegen von weiblichen Tieren in einer Population kommt. Weitgehend unbekannt ist dagegen, dass bereits das geburtliche Geschlechterverhältnis verschoben sein kann oder dass es zwischen den Geschlechtern zu spürbaren Verdrängungseffekten kommt.

SÖHNE BRINGEN VORTEILE

Neben aktiven Verdrängungsprozessen existieren aber auch andere Effekte, die zu Verschiebungen von Geschlechterverhältnissen führen. Bereits in den 1970er-Jahren wurde durch die Biologen TRIVERS und WIL-

LARD die Hypothese aufgestellt, dass Weibchen, die sich in guter körperlicher Verfassung befinden, eher männliche Nachkommen zur Welt bringen, wohingegen schwächere Tiere eher weibliche produzieren.
Hintergrund dieser Hypothese ist die Tatsache, dass jedes Tier versucht, so viele eigene Gene weiterzugeben wie möglich. Dabei sind natürlich auch Kindeskinder einzubeziehen, denn diese tragen immerhin noch ein Viertel der eigenen Gene.
Ob und wie erfolgreich die Nachkommen sind, hängt dabei auch wesentlich von der körperlichen Verfassung ab. Besonders beim männlichen Nachwuchs ist es wichtig, dass er in guter Kondition ist, um sich gegen Konkurrenten durchsetzen zu können. Im Gegensatz dazu wird ein weiblicher Nachkomme auch bei schlechterer Kondition in der Regel selbst Nachwuchs produzieren. Der Vorteil eines männlichen Nachkommen liegt darin, dass er sehr viel Nachwuchs zeugen kann, während weibliche Stücke nur eine limitierte Anzahl hervorbringen. Im Sinne der Verbreitung der eigenen Gene kann es also sinnvoll sein, einen Sohn zu zeugen. Dies ist jedoch nur dann erfolgversprechend, wenn sich der auch durchzusetzen vermag.

MEHR BOCKKITZE BEI EINZELGEBURTEN

In einer britischen Rehwildpopulation war bei 1130 Zwillingsgeburten ein annähernd ausgeglichenes Verhältnis zwischen Bock- und Rickenkitzen beobachtet worden. In den 416 Fällen, in denen nur ein Kitz gesetzt wurde, war dagegen ein Überwiegen männlicher Kitze mit einem Anteil von 60 Prozent nachweisbar (MACDONALD & JOHNSON 2008). Da Einzelkitze in der Regel stärker sind und zudem eine bessere mütterliche Versorgung genießen, lässt dies eine gute Kondition im Erwachsenenalter erwarten. Im Licht der vorgenannten Hypothese ist diese Ungleichverteilung dann damit zu erklären, dass sich die Wahrscheinlichkeit des Fortpflan-

Das Überwiegen weiblichen Rehwilds kann verschiedene Ursachen haben. Oft ist es jedoch „jagdlich hausgemacht".

Söhne können vorteilhaft sein. In einer britischen Studie kamen bei Einzelgeburten mehr Bockkitze zur Welt.

zungserfolgs eines männlichen Nachkommens erhöht. Wie bereits erwähnt: Ein Bock mit guter Kondition vermag mehr Nachkommen zu produzieren als eine Ricke.
Dieser Effekt ist beim Rotwild noch deutlicher ausgeprägt. Denn ein erfolgreicher Platzhirsch ist in der Lage, das Vielfache an Nachwuchs eines Bockes zu produzieren. Dies ist im Übrigen auch die Erklärung, warum der Geschlechtsdimorphismus beim Rotwild deutlich stärker ausfällt.

MEHR MÄDCHEN IN KRISENZEITEN

Schon länger ist bekannt, dass das weibliche Geschlecht Einfluss auf die spätere Geschlechtsbildung nehmen kann. Stärkere Ricken neigen eher dazu, Bockkitze zu setzen. Dies erhöht ihre Chance auf zahlreiche Enkel. Auch beim Menschen können bestimmte Umstände zu Verschiebungen im Geschlechterverhältnis führen. Während unter günstigen Verhältnissen mehr Jungen produziert werden, verschiebt sich das Verhältnis während oder nach ungünstigen Zeiten – z. B. Kriegsereignissen – zugunsten von Mädchen. Ähnliches zeigte sich auch im Zusammenhang mit den Terroranschlägen des 11. September 2001 in den USA: In dessen Folge kam es dort temporär zu einem Rückgang der Jungengeburten. Der Einfluss von Krisensituationen zeigt sich auch iun individueller Hinsicht: Eine in diesem Kontext hochinteressante Feststellung ist, dass von ihren Eltern getrennt aufwachsende Mädchen später selbst eher zur Geburt von Mädchen tendieren.

DIE ERNÄHRUNG MACHT'S

Dass Verschiebungen von Geschlechterverhältnissen auch aus naturschutzfachlichen Belangen relevant sein können, zeigte sich beim sogenannten Kakapo, einer bodenlebenden Papageienart in Neuseeland. Infolge des hohen Prädatorendrucks durch eingeschleppte Fressfeinde existierten nur noch 62 Exemplare dieser Art. Neben anderen Hilfsmaßnahmen wurden die Vögel auch gezielt gefüttert. Der gute Ernährungszustand ließ aus Bruten jedoch überwiegend Söhne entstehen (67 %) – ungünstig im Sinne eines raschen Populationsaufbaus. Bei einfacher, zusatzfreier Ernährung schlüpften dagegen nur 29 % männliche Nachkommen. Man stellte um und war erfolgreich: Der Bestand baute sich langsam wieder auf.

FAKTOR KONDITION

Grundsätzlich spielt die körperliche Verfassung eines weiblichen Stücks aber ebenfalls eine Rolle im Hinblick auf die Geschlechtsausprägung des Nachwuchses. Denn da die Kondition eines Tieres neben der individuellen Veranlagung auch durch verschiedene Umweltbedingungen beeinflusst wird, können diese also indirekt auch auf die Geschlechterverteilung wirken. Eine zentrale Rolle übernimmt auch in diesem Fall wieder die Populationsdichte. Generell kann bei niedrigen Populationsdichten eher eine Verschiebung zugunsten männlicher Nachkommen festgestellt werden.

FAKTOR KONKURRENZ

Neben oben genannten beeinflussenden Faktoren ist auch zu berücksichtigen, dass die eigenen Nachkommen um vorhandene Ressourcen in Konkurrenz zu den Eltern treten. Insbesondere unter ungünstigen Lebensraumbedingungen und verknappenden Futterressourcen entsteht diese Konkurrenzsituation. Zur Konkurrenzvermeidung wird dann bevorzugt das Geschlecht produziert, welches das elterliche Streifgebiet verlässt. Die möglichen Konsequenzen in Hinblick auf das Geschlechterverhältnis veranschaulicht ein Beispiel aus der Vogelwelt. Hier wurde bei Untersuchungen zum Ausbreitungsverhalten festgestellt, dass bei Sperlingsvögeln eher der weibliche Nachwuchs abwandert, während es bei Gänsen umgekehrt ist.

AUCH DER VATER STEUERT VERMUTLICH

Lange Zeit nahmen Wissenschaftler an, dass für die Verschiebung des Geschlechterverhältnisses ausschließlich die Weibchen ver-

antwortlich sind. Dies beruhte auf der Annahme, dass die Weibchen in einem frühen Stadium in der Gebärmutter „selektieren" können, ob eher weibliche oder männliche Jungtiere ausgetragen werden. Mittlerweile gibt es jedoch Hinweise, dass auch die Männchen Einfluss darauf nehmen können.
So wurde nachgewiesen, dass männliche Tiere durch die vermehrte Produktion X-Chromosomen tragender Spermien die Zeugung von Weibchen begünstigen. Als Ursache wird vermutet, dass sich durch den erhöhten Anteil von Weibchen in der Population die Konkurrenz zwischen den Männchen verringert. Inwieweit dies auch für unsere heimischen Wildtierpopulationen zutrifft, ist bislang nicht erforscht.

MULTIFAKTORIELLES GESCHEHEN

Viele Faktoren können dazu führen, dass das Geschlechterverhältnis einer Rehpopulationen nicht ausgeglichen, sondern zugunsten eines der Geschlechter verschoben ist. Wie sich ein Bestand genau verhält, ist jedoch ohne Vorliegen genauer populationsökologischer Parameter und Daten zum Lebensraum kaum voraussagbar. Kommt es jedoch zu einer deutlichen geburtlichen Abweichung des Geschlechterverhältnisses, kann dies für die Entwicklung eines Bestandes bedeutend sein und sollte bei der Abschussplanung dementsprechend berücksichtigt werden.

01

02

03

01 Unterschiedliche Ausbreitungsstrategien: Bei Sperlingsvögeln wandern überwiegend die Weibchen ab.

02 Anders ist es bei den Wildgänsen: Hier verlassen eher die Ganter die angestammte Heimat.

03 Noch ein Blick über „Rehgrenzen" hinaus: Beim neuseeländischen Kakapo ließ Spezialfutter v. a. männliche Nachkommen schlüpfen, was für den angestrebten Populationsaufbau eher kontraproduktiv war.

AUF UND DAVON

Die Gründe für eine Abwanderung aus dem elterlichen Streifgebiet sind im Tierreich oft sehr ähnlich. Zunächst geht es dabei um die Aufteilung von Ressourcen. Sind die Bereiche, in denen man groß wurde, besetzt, ist es notwendig, sich ein eigenes Gebiet zu suchen. Eine weitere treibende Kraft ist die Inzuchtvermeidung. Inzucht selbst kann zur sogenannten Inzuchtdepression führen, die mit abnehmenden Wildbretgewichten und herabgesetzter Fortpflanzungsfähigkeit einhergehen kann. Um inzüchtige Verpaarungen zu verhindern, kann das Abwandern zumindest eines Geschlechts hilfreich sein. Abwandern, um genetische Anlagen zu durchmischen, ist auch in Zusammenhang mit der Abwehr vor Krankheiten entscheidend. Werden die sogenannten Immungene – sie sind verantwortlich für die Immunantwort – gut durchmischt, ist der Organismus besser in der Lage, mit Krankheiten umzugehen.

WER GEHT?

Generell gilt: Bei monogamen, also in Einehe lebenden Arten wandert häufig das weibliche Geschlecht ab, während es bei

Abwanderung kann im Tierreich eine Folge von Ressourcenknappheit im Habitat sein oder auch der Inzuchtvermeidung dienen. Beim Rehwild sind Abwanderungsdistanzen von mehr als fünf Kilometern allerdings selten.

polygamen, d. h. Vielehe praktizierenden Tieren eher umgekehrt ist. So sollte es demnach auch beim polygamen Rehwild sein, sollten eher die Böcke abwandern. Tatsächlich sind jedoch die Unterschiede zwischen den Geschlechtern in der Abwanderung in untersuchten Rehpopulationen nicht groß. In einer französischen Untersuchung fanden sich keine Unterschiede im Abwanderungsverhalten zwischen den Geschlechtern (GAILLARD et al. 2008).
Bei einem Großversuch in Baden-Württemberg, in dem 15 153 Kitze markiert wurden, stellten Wildbiologen fest, dass zwar beide Geschlechter ihr Heimterritorium verlassen, aber entfernungsmäßig die weiblichen Tiere signifikant weiter abwanderten (BAUCH et al. 2014).

TIPP
Zur Abwanderung von Böcken kommt es häufig am Ende ihres ersten und im zweiten Lebensjahr. Manche Böcke wandern aber auch zu einem viel späteren Zeitpunkt ab. Ein klarer Zusammenhang zwischen Alter und Abwanderung existiert also nicht.

WANDERDISTANZEN

Prinzipiell können Rehe auf ihrer Wanderschaft erhebliche Strecken zurücklegen. Eine der weitesten gesicherten Abwanderungen vom Ort des Setzens wurde in Skandinavien gemacht (MYBERGET 1973). Ein dort markiertes Kitz entfernte sich bemerkenswerte 90 Kilometer, was aber eine absolute Seltenheit darstellen dürfte.
Obwohl also teilweise große Wanderungsdistanzen dokumentiert sind, sind Rehe eher standorttreu. Markierungsversuche von Kitzen zeigten in zahlreichen Untersuchungen, dass die zurückgelegten Entfernungen zwischen Markierungsort und dem Erlege- bzw. Auffindeort sehr gering waren. Fasst man die zahlreichen dazu vorgelegten Studien zusammen, so werden zwischen 50 bis 80 Prozent aller Rehe in einem Umkreis von ein bis zwei Kilometern zurückgemeldet. Wanderungen von über fünf Kilometern kommen noch im niedrigen einstelligen Bereich vor. Grundsätzlich hängt das Abwanderungsverhalten wesentlich von der örtlichen Populationsdichte (STRANDGAARD 1972) bzw. der Habitatkapazität ab. Ist die Populationsdichte hoch und die Habitatkapazität gering, neigen die Stücke viel schneller zur Abwanderung. Auf diese Weise wird innerartlicher Konkurrenz aus dem Weg gegangen und der Populationsdruck verringert.

JAGD & MANAGEMENT

Im November sind Rehe ein weiteres Mal auffällig aktiv. Wer noch Strecke machen möchte oder muss, kann das jetzt erfolgreich tun. Im Idealfall herrscht ab dem Jahreswechsel dann „Hahn in Ruh'".

LENKUNG VON REHEN

Die Existenz des Menschen schränkt unsere heimischen Wildtiere teilweise stark ein. Wie wir gesehen haben, führt neben Erholungsuchenden und Freizeitsportlern auch die Jagd zu einem spürbaren Druck. In der Wissenschaft ist der Begriff der sogenannten „Landscape of fear" (Landschaft der Angst) entstanden. Das dahinterstehende Konzept geht davon aus, dass unsere Wildtierarten in der Lage sind, eine Vorstellung davon zu entwickeln, wann welche Flächen ein gesteigertes Risiko für eine Störung haben. Auf diese Weise kann es dazu kommen, dass ein Lebensraum selbst bei benachbarten Populationen der gleichen Art auf unterschiedliche Weise wahrgenommen und genutzt wird.

PRÄDATIONSVERMEIDUNG

Rehwild weicht einem jeweils wahrgenommenen Prädator gezielt aus – und natürlich auch dem Menschen und dem Jäger. Diese Prädationsvermeidung hat insbesondere dann problematische Auswirkungen, wenn Rehe mit mehreren Jägern (tierischen und menschlichen), die darüber hinaus noch auf unterschiedliche Arten und Weisen jagen, konfrontiert werden.

Erstaunlicherweise kann aus Sicht der Wildtiere der Mensch eine ähnliche oder sogar größere Störung bedeuten als ein natürlicher Prädator. Er wird als besonders bedrohlich wahrgenommen, wenn er sich abseits der Waldwege aufhält, also nicht in den üblichen, gewohnten Bahnen bewegt. Das Wild schätzt den Menschen in solchen Fällen nicht mehr als harmlos ein und flüchtet. Diese Fluchten kosten es besonders im Winter überproportional viel Energie.

STEUERN DURCH JAGDDRUCK

Die „Landschaft der Angst" lässt sich nutzen, um Rehe gezielt zu lenken. So kann man den Jagddruck in Verjüngungsbereichen bewusst hochhalten. Im Englischen hat sich für dieses Vorgehen der Begriff „Hunting for Fear" etabliert. Diese gezielte Jagd führt dazu, dass solche Flächen eher gemieden werden. Gleichzeitig müssen aber auch Bereiche geschaffen werden, in denen Rehe auch Ruhe finden können, vorzugsweise natürlich da, wo kein Schaden zu befürchten ist.
Ein Reh wird lieber hungern, als sich aktiv einer Gefahr auszusetzen. Ein permanenter und flächendeckender Jagddruck ist also äußerst problematisch für die Grundkondition der Tiere und unbedingt zu vermeiden.
Auch das spricht für zeitliche und räumliche Schwerpunktjagd mit gezielter „lokaler Störung" in schadensanfälligen Revierecken.

Flucht kostet v. a. im Winter wertvolle Energie.

REHWILD AUF BEWEGUNGSJAGDEN

Besonders in Revieren mit hohem Waldanteil bleibt ein Teil der Rehe so gut wie immer unsichtbar. Dies erschwert die Jagd deutlich. Die Drück- bzw. Stöberjagd ist gerade in solchen Bereichen ein wichtiges Instrument, um einen Teil des notwendigen Abschusses zu entnehmen.

Umso mehr verblüfft es, dass diese Jagdform in Teilen unseres Landes noch bis in die 1980er-Jahre nicht erlaubt war. Nach der Änderung malten viele Jäger den Niedergang der Jagd an die Wand. Doch mitnichten: Die fachgerecht durchgeführte Bewegungsjagd ist eine außerordentliche gute Möglichkeit, mit moderatem Aufwand Strecke zu machen. Bei fachgerechter Organisation kann dabei bis zu einem Drittel des Jahresrehwildabschusses zur Strecke gebracht werden. Sozial und gesellschaftlich gesehen, ist diese Jagdart für viele Jäger ein Highlight im jagdlichen Jahreslauf und deshalb auch für die Pflege des jagdlichen Brauchtums unersetzbar.

PLANUNG IM VORFELD

Die Planung größerer, womöglich revierübergreifender Jagden bedarf eines gewissen organisatorischen und zeitlichen Vorlaufs. Neben einer frühen Festlegung des Termins ist es sinnvoll, insbesondere die Hundeführer spätestens bis zum Sommer zu verständigen und einzuladen. So wird gewährleistet, dass zum Zeitpunkt der Jagd eine ausreichende Zahl guter Gespanne zur Verfügung steht.

Bei Jagden, die von größeren Straßen durchzogen werden, sind mit den entsprechenden Behörden ggf. verkehrsrechtliche Anordnungen abzusprechen. In diese Überlegungen ist auf jeden Fall auch das Festlegen von Notfallpunkten einzubeziehen. So wird sichergestellt, dass im Ernstfall schnell gehandelt werden kann.

Abseits von Wegen und in Bereichen mit etwas Deckung sind Drückjagdsitze gut aufgehoben.

STANDAUSWAHL

Ein wichtiger Erfolgsfaktor bei der Planung einer Drückjagd ist ein entsprechendes Drückjagdinventar und die Positionierung der Stände. Auch dabei helfen uns die Biologie bzw. Kenntnisse zum arttypischen Fluchtverhalten dieser Spezies. Ich habe an besenderten Rehen selbst immer wieder erlebt, dass es dabei eine Regel gibt: Je dichter die Deckung, desto weniger ausgeprägt ist das Fluchtverhalten. Während das Reh also im höchsten Tempo über eine Offenfläche geht, zieht es bei moderatem Bewuchs in verhaltenem Tempo.

Sitze, die sich an Wegen oder Äsungsflächen befinden, sind daher meist ungünstig, da Rehe sie hochflüchtig passieren und für einen Schuss kaum Zeit bleibt. Ideal für einen Drückjagdbock sind Plätze, die zwischen dichteren Deckungsbereichen liegen, denn das Rehwild „hangelt" sich in einer Drückjagdsituation förmlich von einem solchen Komplex zum nächsten.

In blickdichten Einständen halten Rehe grundsätzlich sehr viel aus. Dies führt auch gern dazu, dass die Stücke innerhalb derartiger Bestände anhaltend hin- und herziehen und am Ende so viel Witterung darinsteht, dass auch ein versierter Hund Schwierigkeiten bekommt. Diese Sache wird etwas günstiger, wenn das Datum der Jagd nicht zu früh im Jahr liegt, die Vegetation schon einige

TIPP

Örtlich können Klettersitz eine sinnvolle Ergänzung und/oder Alternative zu Drückjagdeinrichtungen sein. Vorteile: flexible Einsatzmöglichkeit und der Umstand, dass Schützen bei ausreichender Höhe am Baum aus dem Wind kommen. Die Benutzung von Klettersitzen will allerdings gelernt sein!

Fröste erlebt hat, die meisten Blätter gefallen sind und sich auch die Bodenvegetation (z. B. Farn) deutlich abgesenkt hat. Dann wird es für die Rehe deutlich schwieriger, sich zu drücken, und sie werden die Bestände bei Anrührung schneller verlassen.
Beim Anstellen selbst hat es sich bei größeren Jagden als hilfreich erwiesen, erst den äußeren Ring der Jagd abzustellen und danach dann das Zentrum. Dies hat den Vorteil, dass das Wild durch die Unruhe beim Anstellen von außen ins Jagen gedrückt wird. Und wenn sich dann beim Abstellen der weiter innen gelegenen Stände beunruhigtes Wild nach außen „wegstiehlt", kann das ein oder andere Stück dort vielleicht bereits erlegt werden.

DRÜCKEN

Grundsätzlich zieht Rehwild nach einer Beunruhigung nicht weit. In eine bestimmte Richtung lässt es sich nicht lenken. Oft schlagen Rehe einen Bogen und kehren sogar wieder in den ursprünglichen Einstand zurück. Das Anrühren der Rehe ist im Allgemeinen wenig problematisch. Oft reichen wenige Treiber, um sie auf die Läufe zu bringen. Kurzläufige Hunde tun diesbezüglich auch ihren Dienst. Sie müssen aber spur- oder zumindest fährtenlaut sein. Das Rehwild bringt dann schnell Distanz zwischen sich und die Hunde. Die Flucht erfolgt dabei kontrolliert. Immer wieder verhofft das Wild, und für den Jäger bieten sich gute Ansprech- und Schussmöglichkeiten.

STÖBERNDE HUNDE UND KLEINE JAGDEN

Drückjagden auf Rehwild sind mit einem durchdachten Netz an stöbernden Hunden extrem erfolgreich. Die Hunde veranlassen das Rehwild immer wieder zum Ziehen. Vier bis fünf Hunde pro 100 ha sind dabei zu empfehlen. Aufgrund der kleinräumigen Lebensweise des Rehwilds können gerade auch kleine Jagden mit ca. zehn Schützen und wenigen Treibern oder Hunden äußerst effizient sein. Jede Fläche sollte allerdings nur maximal zweimal im Jahr beunruhigt werden.

Das Abstellen der Schützen muss durchdacht geschehen. Oft ist „außen vor innen" sinnvoll.

Für Rehwild in einfachem Gelände sind niederläufige stöbernde Hund durchaus eine Wahl.

Gerade bei Bewegungsjagden ist es gut, wenn die Jäger ein Gefühl für den Habitus von Rehen entwickelt haben. Dies hilft beim zügigen Ansprechen der Stücke enorm, sodass schnell gehandelt und ein guter Schuss angetragen werden kann.

SCHUSSDISZIPLIN

Ein weiterer wichtiger Aspekt bei Drückjagden ist die Schussdisziplin der Schützen. Auf flüchtiges Rehwild zu schießen, ist tabu. Die wellenförmige Bewegung flüchtender Rehe führt unweigerlich zu schlechten Schüssen. Tierleid und schlechte Wildbretqualität sind die Konsequenzen.
Sind bei freier Sicht auf das Blatt alle vier Läufe am Boden, kann geschossen werden. Ist dies nicht gewährleistet, wird das Stück einem Nachbarschützen besser kommen.

Sicherheit steht immer an erster Stelle. Kein Schuss, wenn Treiber in der Nähe sind!

Zieht Rehwild verhalten, kann es z. B. durch einen Pfiff zum Stehen gebracht werden. Ich ahme dazu auch gern einen Schrecklaut nach. Denn manche Rehe haben möglicherweise schon gelernt, dass es nach einem Pfiff knallt. Hochflüchtige Stücke lassen sich dadurch auch nicht zum Verhoffen bringen.
Und natürlich ist Sicherheit oberstes Gebot! Eigentlich eine Selbstverständlichkeit: Ohne ausreichenden Kugelfang darf niemals geschossen werden. Kugelfang ist weder eine Dickung noch ein Fels oder Ähnliches, sondern ausschließlich der gewachsene Boden. Ebenso tabu ist der Schusswaffeneinsatz, wenn Treiber auch nur in der Nähe oder Hunde dicht am Wild sind.

EIGENES VERHALTEN

Das eigene Verhalten kann auch maßgeblich für den Jagderfolg sein. Zunächst ist es wichtig, sich nicht entmutigen zu lassen, wenn der zugewiesene Stand nicht vielversprechend erscheint. Ich habe selbst oft erlebt, dass es am Ende ganz anders kam.
Zu unseren Aufgaben gehört, unsere Schussfertigkeiten trainiert zu haben und eine angepasste Ausrüstung mitzuführen. Man fühlt sich dann wohl und hat Vertrauen in die eigenen Fähigkeiten.
Verschaffen Sie sich auf dem Stand Gewissheit über Gefahrenbereiche und ausreichenden Kugelfang. Spielen Sie dazu auch einige potenzielle Abschussszenarien im Kopf durch. Ideal ist in diesem Zusammenhang, so vorhanden, auch ein Entfernungsmesser bzw. ein Fernglas mit einem solchen. Dann können Sie bereits zu Beginn der Jagd die Distanzen zu markanten Geländemarken bestimmen. Entfernen Sie auch den Gewehrriemen von der Drückjagdwaffe: Er kann sehr störend sein. Diese kleinen Vorbereitungen verschaffen Ihnen Sicherheit, wenn es plötzlich schnell gehen muss.
Seien sie in den ersten 15 Minuten besonders aufmerksam. Durch das Ausfahren und Anstellen von Jägern und Treibern ist häufig

Konzentration bis zur letzten Minute: Ist das laute Treiben vorbei, wechselt Wild häufig noch langsam umher.

schon einiges an Wild auf die Läufe gebracht worden. Dies gilt umso mehr, wenn es kalt und windstill ist, dann halten die Stücke viel weniger aus und rücken schneller. Vergleichbares gilt auch für die letzte Phase der Jagd. In meinen eigenen Aufzeichnungen finden sich zahlreiche Stücke, die kurz vor dem Abblasen fielen. Der Grund ist, dass die Treiber und Hunde nun meist schon alles durchgedrückt haben und die eigentliche Beunruhigung beendet ist. Das Wild wechselt nicht selten dann nochmal umher, und der aufmerksame Jäger bekommt oft noch Gelegenheiten.
Und noch etwas: Lassen Sie das Mobiltelefon aus! Ohne diese Geräte könnten die Strecken nahezu zehn Prozent höher sein.

ERFOLGSKONTROLLE BEWEGUNGSJAGD

Wie auch bei der Einzeljagd empfiehlt sich eine Erfolgskontrolle. Waren die Stände richtig ausgewählt? Versuchen Sie, sich durch Standkarten einen Eindruck von der Wildbewegung zu erarbeiten.
Haben Hunde und Treiber effektiv gearbeitet? HUPE (2021) wertete dazu gezielt die Laufwege von Treibern und Hunden nach einer Stöberjagd aus. Durch gezielte Verlagerungen konnte er den Abschuss nahezu verdoppeln. Zuletzt kann auch die Auswertung der Schießergebnisse hier nützliche Erkenntnisse bringen.
In diesem Zusammenhang ein kurzer Exkurs: Die Verlängerung der Jagdzeit von Böcken bzw. deren Synchronisierung mit der Schusszeit für weibliches Wild macht Sinn. Nur wenn auch Böcke erlegt werden dürfen und man nicht erst „hintendrauf" schauen muss, kann eine Drückjagd auf Rehwild auch effektiv sein. Aus biologischer Sicht ist es absolut irrelevant, wann ein Bock erlegt wird. Entscheidend ist, dass dadurch der Gesamtjagddruck reduziert werden kann. Dies ist im Sinne des Rehwildes.

TIPP

Gute Schussergebnisse sind Voraussetzung für eine erfolgreiche Drückjagd. 1,5 Schüsse pro erlegtem Stück Wild ist ein anzustrebendes Verhältnis. Besser geht natürlich immer.

DRÜCKJAGD UND WETTER

Das Wetter hat einen Einfluss auf den Jagderfolg, auch wenn es an einem frühzeitig anberaumten Drückjagdtermin unabänderlich ist und die Jagd in fast jedem Fall durchgeführt wird. So ergeben sich aus umfassenden statistischen Auswertungen klare Hinweise darauf, dass sich hohe Temperaturen und anhaltender Regen negativ auf das Streckenergebnis auswirken. Überraschenderweise ist allerdings windiges Wetter am Jagdtag eher günstig, denn dann sind die Rehwildstrecken auf Drückjagden höher, wie sich belegen lässt. (BAUR et al. 2021).

STRECKELEGEN

Das erlegte Wild zur Strecke zu legen und zu verblasen ist keine Folklore. Es dient nicht nur der Achtung der Kreatur, sondern hat auch etwas mit „sozialer Kontrolle" zu tun. Jeder muss die Ergebnisse seines Tuns gewissermaßen präsentieren.

UNVERHANDELBAR – MUTTERTIERSCHUTZ

Jäger sind aus verschiedenen Gründen gezwungen, ihr Handeln ständig zu hinterfragen. Dabei spielt der Aspekt Tierethik eine zentrale Rolle. Aus ethischer Sicht ist Jagd nur dann legitim, wenn sie den bestehenden ethischen Normen und Anforderungen gerecht wird und Folgendes erfüllt:

— Chance auf ein Entkommen: Jagd ist ethisch nur dann gerechtfertigt, wenn das zu bejagende Stück eine Chance hat, dem Jäger zu entgehen.

Dem erlegten Wild Respekt zu zollen, ist kein Klamauk!

- Tierschutzgerechtes Töten: Der Jäger muss alles dafür tun, um die Schmerzen des zu erlegenden Stücks zu vermeiden bzw. so gering wie möglich zu halten.
- Muttertierschutz: Jagd ist dann – und nur dann – zu rechtfertigen, wenn Junge aufziehende Elterntiere bedingungslosen Schutz genießen. Im Bundesjagdgesetz wurde in § 22 zu Recht der Schutz von zur Aufzucht von Jungtieren nötiger Elterntiere verankert. Demnach ist es bis zum Selbstständigwerden der Jungtiere verboten, die für die Aufzucht notwendigen Elterntiere zu bejagen bzw. zu erlegen. Beleuchten wir diese letzte Säule ethisch vertretbaren Jagens im Zusammenhang mit unserem Rehwild etwas näher.

MÜTTERLICHE FÜRSORGE

Rehe leben über weite Teile des Jahres in kleinen sozialen Einheiten, die aus der Ricke und ihrem Nachwuchs bestehen. Das Rehkitz wird etwa bis zum September/Oktober gesäugt. Beim Verlust der Ricke im Herbst oder Winter sind die Überlebenschancen des Kitzes größer als z. B. die eines Rotkalbes. Dies hängt neben der schnelleren Individualentwicklung hauptsächlich damit zusammen, dass das Kitz nicht auf den Sozialverband angewiesen ist. Dies darf jedoch keinesfalls zu dem Trugschluss verleiten, dass ein Verwaisen von Kitzen ohne Folgen für deren Entwicklung bliebe.

Die sich aus dem Verlust der Ricke ergebenden körperlichen Defizite des Kitzes können auch beim Rehwild im Erwachsenenalter nie vollständig ausgeglichen werden. Die Tatsache, dass die Ricke die Verbindung zum Kitz erst im Frühjahr des auf die Geburt folgenden Jahres löst, verdeutlicht, dass der Nachwuchs auch bis zu dieser Zeit geführt wird und von der Ricke lernt! Wenn dieses Lernen vielleicht auch nicht mehr überlebensnotwendig sind, ist auch diese Zeit noch eine relevante Phase in der Entwicklung zum erwachsenen Tier. Wäre dies nicht nötig, würde die Verbindung sicher viel früher gelöst – dem Grundsatz folgend, dass mütterliche Investitionen nur so weit gehen wie unbedingt erforderlich.

Machen wir uns bewusst: Fällt auf der Drückjagd eine Ricke, wird eine Waise produziert. Nicht umsonst bleiben Kitze bis ins Frühjahr bei der Ricke.

SCHLUSSFOLGERUNGEN FÜR DEN JAGDBETRIEB

Auf Bewegungsjagden ist immer damit zu rechnen, dass Kitze von der Mutter abgesprengt werden. Berücksichtigen Sie bei Ihren Abschussentscheidungen, dass mütterliche Fürsorge im Spätjahr auch für Kitze wichtig ist.

Muttertierschutz stellt eine unverrückbare Säule waidgerechter Jagd dar. Es waren die Jäger, die mit der Waidgerechtigkeit ein erstes Tierschutzgesetz etablierten und die Tiere als Mitgeschöpfe auffassten. Auch wenn der moderne Jäger heute u. a. hinsichtlich Wildschadensabwehr unter erheblichem Druck steht, darf er dies niemals aus den Augen verlieren.

TIPP

Eine führende Ricke zu schießen, bedeutet auch im November oder Dezember, mindestens eine Waise zu produzieren. Dies lässt sich einfach vermeiden, indem stets das Kitz geschossen wird.

VERBISS – DER EWIGE KONFLIKT

Seit Jahrzehnten wird anhaltend über die Problematik des Wildverbisses gestritten. Auf der einen Seite werden dabei unablässig die zu hohen Wildbestände angeprangert und der Jägerschaft immer noch vorhandene Hegeideologien unterstellt, während auf der anderen Seite der Niedergang einer Art befürchtet wird. Die Gräben zwischen den verschiedenen Interessengruppen scheinen tiefer als jemals zuvor, und ein Konsens ist nicht in Sicht.

Selbstverständlich kann es an dieser Stelle nicht gelingen, diese Problematik in ihrer Tiefe auch nur annähernd erschöpfend darzustellen. Dennoch möchte ich den Versuch unternehmen, einen Zugang zu ihr zu schaffen. Am Ende ist eines unbestreitbar: Wir haben die hohe Verantwortung, nachfolgenden Generationen einen funktionierenden Wald zu übergeben. Wir haben gleichzeitig aber auch eine Verantwortung unseren Wildtierarten gegenüber. Ich bin der Auffassung, dass es durchaus gelingen kann, beiden Aufgaben gerecht zu werden. Wesentliche Voraussetzung dafür ist ein fundiertes Wissen über Wildbiologie, um Wildpopulationen so effektiv wie möglich steuern zu können.

Unstrittig kann Wildverbiss einen erheblichen Einfluss auf Pflanzengesellschaften ausüben. Mögliche Folgen sind eine Veränderung in deren Zusammensetzung oder eine Verzögerung der Waldentwicklung. Eine objektive und langfristige Beurteilung solcher Einflüsse erfordert belastbare Beurteilungssysteme.

Während in Kulturen jedes verbissene Bäumchen ein Schaden ist, da es ja angeschafft und bezahlt wurde, stellt sich die Situation in Naturverjüngungen anders dar. Zweifelsohne ist die Naturverjüngung und deren Schutz der beste Weg der Walderneuerung. Doch längst nicht jedes verbissene Bäumchen ist dort auch mit einem Schaden gleichzusetzen. So können über 60 % Verbissanteil in einem Bestand folgenlos bleiben, während 20 % andernorts die angestrebten

Wald mit Wild statt Wald vor Wild: Das schulden wir den kommenden Generationen.

WILDSCHADEN

Wildschaden lässt sich als Funktion darstellen (verändert nach REIMOSER & GOSSOW 1996):

$f = F_m * D * t * \frac{HA}{VN}$ wobei

F_m = Anzahl verbissener Bäume eines Individuums pro Tag

D = Wilddichte

t = Wildverteilung

HA = Attraktivität des Lebensraumes (z. B. Störungen)

VN = Nahrungsverfügbarkeit

Wichtig ist im Ergebnis, dass das Zustandekommen von Wildschaden an zahlreiche Faktoren gekoppelt ist. Die Formel „Viel Verbiss = mehr Jagd“, um den Tierbestand zu reduzieren und den Verbiss zu verringern, greift deutlich zu kurz.

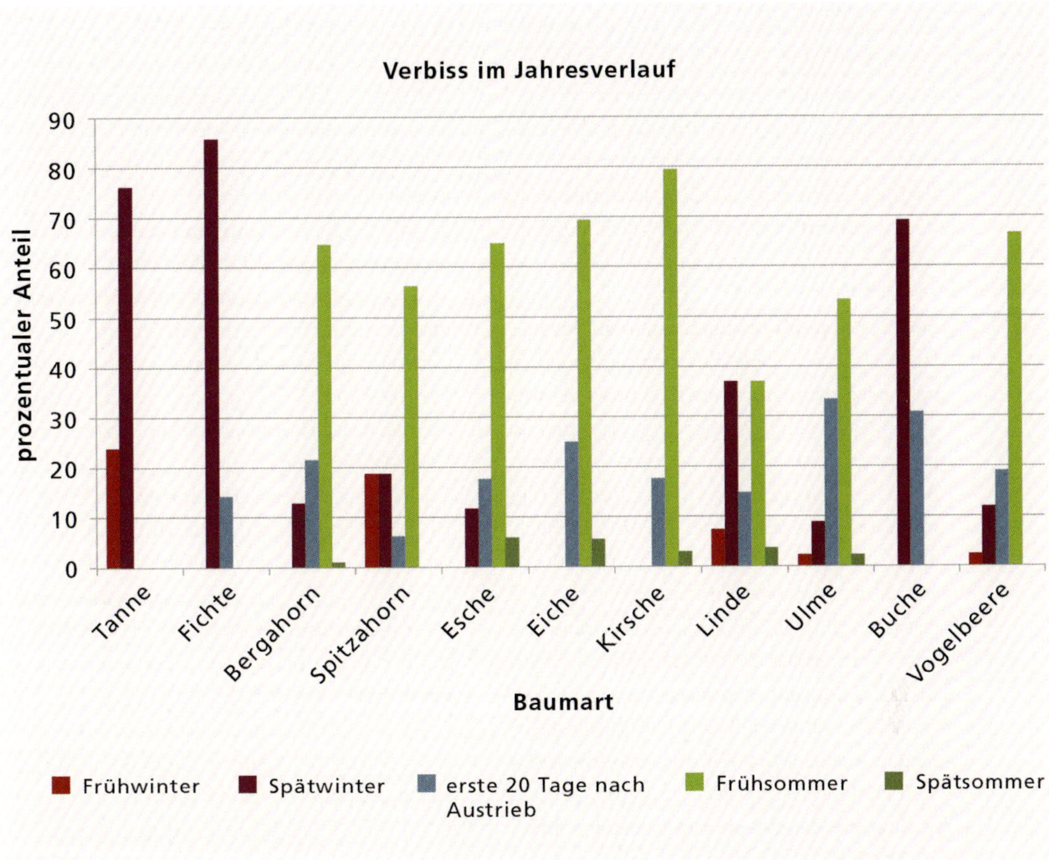

Bei den Nadelhölzern liegt der Hauptverbiss im Spätwinter, bei den Laubbäumen dagegen im Frühsommer (ODERMATT 2014).

Ziele gefährdet (SUCHANT & ROTH 1996) . Verbissprozentwerte allein sind also für eine Prognose der möglichen Waldentwicklung und das Erreichen waldbaulicher Ziele nicht aussagekräftig. Die zentrale Frage ist nicht, wie viele Verjüngungsbäume durch Verbiss beeinflusst sind, sondern vielmehr, wie viele Verjüngungsbäume dem Einflussbereich des Schalenwildes ohne Beeinträchtigung entwachsen können und ob diese Zahl ausreicht, um eine den Zielen entsprechende Entwicklung des Waldes sicherzustellen.

METHODEN DER VERBISSCHADENSERHEBUNG

In der Vergangenheit wurden zahlreiche Methoden entwickelt, um den Einfluss des Schalenwildes auf die Verjüngungsbäume (VJB) zu quantifizieren. Diese sind für den praktischen Jäger und Kleinwaldbesitzer oft jedoch nur eingeschränkt oder nicht umsetzbar. Die bekannten Verfahren arbeiten dabei nach zwei möglichen Prinzipien:

1. Die Anzahl der geschädigten Pflanzen wird festgestellt und für jede Pflanze ein Schadensbetrag festgelegt oder
2. die verbissenen und unverbissenen Pflanzen werden gezählt und das Verbissprozent festgestellt.

Beide Bewertungsprinzipien sind für Naturverjüngungsflächen vollkommen ungeeignet, da sie davon ausgehen, dass jede verbissene Pflanze auch einen wirtschaftlichen Schaden darstellt.

EIN VERFAHREN FÜR JEDERMANN

Um den Einfluss des Verbisses auf die Naturverjüngung innerhalb eines Bestandes bestimmen zu können, wurde an der Forstlichen Versuchs- und Forschungsanstalt Baden-Württemberg (FVA) in Freiburg ein Verfahren zur objektiven Beurteilung von Wildverbiss entwickelt (SUCHANT et al. 2012). Dieses Verfahren kann mit vertretbarem Aufwand für jedermann auch im eigenen Revier umgesetzt werden. Es beruht im Gegensatz zu anderen Erhebungsmethoden darauf, dass die nicht verbissenen anstelle der verbissenen Pflanzen erfasst werden. Bemerkenswert ist, dass dieses Bewertungsverfahren sowohl von der Forstkammer, dem Verband der Waldbesitzenden, als auch vom Landesjagdverband anerkannt ist – damit ist man in jedem Fall auf „der sicheren Seite". Eine genaue Verfahrensbeschreibung ist in der Broschüre „Beurteilung von Wildverbiss in Naturverjüngungen" dargestellt, die bei der FVA bestellt oder heruntergeladen werden kann (www.fva-bw.de). Im Folgenden soll das Beurteilungsverfahren zusammengefasst vorgestellt werden.

Ziele formulieren

Eine Zielformulierung ist notwendig, um im Ergebnis formal auch einen Schaden definieren zu können. Im juristischen Sinne entsteht erst dann ein Schaden, wenn der IST-Zustand vom SOLL-Zustand abweicht. Folgerichtig muss ein Waldbesitzer zunächst den SOLL-Zustand, also eine konkrete Zielstellung, wie sich sein Wald entwickeln soll, formulieren. Ziele könnten z. B. sein:

a) die Zeit in der die Verjüngungsbäume dem Äser entwachsenn oder

b) Mischungsanteile von Baumarten in der Naturverjüngung oder

c) die Anzahl an nicht verbissenen Verjüngungsbäumen je Baumart für unterschiedliche Verjüngungsschichten.

Während in einigen öffentlichen Waldbereichen diesbezüglich konkrete Vorstellungen bestehen, ist dies in privaten Bereichen häufig nur eingeschränkt oder gar nicht der Fall. Um Ziele selbst zu erarbeiten, ist es hilfreich, sich mit einigen grundsätzlichen waldbaulichen Zusammenhängen und der Dynamik des Verjüngungsprozesses zu befassen. Damit ein Baum „aus dem Gröbsten raus" ist, muss er i. d. R. eine Mindestgröße von 130 cm erreichen. Bis kleine Verjüngungsbäume diese Höhe erreichen, können je nach Baumart, Auflichtungsgrad und Standort gut neun bis 20 oder ggf. noch mehr Jahre vergehen. In dieser Zeitspanne werden die Verjüngungsbäume auch ohne Einwirkung des Schalenwildes durch eine Vielzahl an Faktoren beeinflusst, sodass nicht jeder Verjüngungsbaum überlebt. Wie viele Bäume sollten also an einem spezifischen Standort an Naturverjüngung auf dem Hektar vorhanden sein, und wie viele davon müssen unverbissen aus dem Äser wachsen?

BEISPIEL FICHTE

Betrachten wir einmal die Fichte. In einer Naturverjüngung werden mindestens 8000 Sämlinge pro Hektar benötigt (ca. 6000 Verjüngungsbäume – VJB – in der Höhenstufe größer 20 cm; und 3300 VJB in der Höhenstufe 21 bis 50 cm), damit später ca. 1000 junge Bäume 130 cm Höhe erreichen können. Reicht aber diese Zahl an Jungbäumen aus, um waldbauliche Ziele zu erreichen? Die Anzahl an Verjüngungsbäumen, die dem Äser entwachsen, sollte also mindestens so groß sein, dass die Waldentwicklung bis zur Ernteреife im Sinne der Zielsetzung gesteuert werden kann. Die daraus abgeleitete Anzahl an notwendigen Bäumen beträgt je nach Baumartenzusammensetzung und Waldstandort zwischen 1000 und 1500 Bäumen pro Hektar. Daher können für Nadelbäume 3000 VJB in der Höhenstufe 51–130 cm als ausreichend eingeschätzt werden. Diese Zahl kann als „SOLL-Wert" bezeichnet werden.

SOLL-Werte

Die SOLL-Werte geben also die Pflanzenzahl an, die notwendig ist, um die jeweilige Baumart waldbaulich optimal zu verjüngen. Für die zu verjüngenden Baumarten sind diese SOLL-Werte konkret zu definieren. Sie müssen entsprechend der Pflanzenhöhe gewichtet sein. Das bedeutet: je kleiner die Pflanze, desto höher der SOLL-Wert.
Wird der SOLL-Wert erreicht, ist es waldbaulich belanglos, wie viele sonstige Verjüngungsbäumchen noch vorhanden sind, ob nun verbissen oder unverbissen. Wird der SOLL-Wert nicht erreicht, kann das auch daran liegen, dass nicht genügend Verjüngungsbäumchen vorhanden sind. Sind es so wenige, dass ihre Zahl für eine erfolgreiche Verjüngung nicht ausreicht, gilt die Fläche als nicht verjüngt.

Mindestpflanzenanzahl

Zur klaren Einordnung der Befunde wurde eine „Mindestpflanzenzahl" entwickelt. Sie gibt die Pflanzenzahl an, die noch eine gesicherte Verjüngung erwarten lässt. Nur in Waldbeständen, in denen die Mindestpflanzenzahl erreicht wird, macht es Sinn, den Einfluss des Schalenwildes auf die Naturverjüngung zu quantifizieren. Wird die Mindestpflanzenzahl einer Baumart im Aufnahmebereich nicht erreicht, gilt dieser für diese Baumart als nicht verjüngt („n. v.").

Auswahl von Probekreisen

Um die Verjüngungssituation im Revier beurteilen zu können, müssen zunächst Waldbestände mit vorhandener Naturverjüngung ausgewählt werden. Eine grobe Vorauswahl erfolgt zweckmäßigerweise mithilfe der Re-

☞ SOLLWERTTABELLEN DES FVA-VERFAHRENS BADEN-WÜRTTEMBERG

BAUMART		HÖHENSTUFE		
		10–20 cm	**21–50 cm**	**51–130 m**
Nadelbäume	*SOLL-Wert (opt.)*	12	6	3
	Mindestpflanzenzahl	4	2	1
Buche (Reinbestand)	*SOLL-Wert (opt.)*	40	20	10
	Mindestpflanzenzahl	8	4	2
Andere Laubbäume	*SOLL-Wert (opt.)*	20	10	5
	Mindestpflanzenzahl	4	2	1

vierkarte und/oder eines aktuellen Luftbildes. Ein guter Indikator für verjüngungsrelevante Bestände ist der Kronenschlussgrad in der Baumoberschicht. Ist er licht (Kronenabstand entspricht einer Kronenbreite) oder räumig (Kronenabstand überschreitet eine Kronenbreite), gelangt so viel Sonnenlicht zum Boden, dass mit einer Naturverjüngung zu rechnen ist.
Sinnvoll ist es, nur diejenigen Flächen in die Bewertung einzubeziehen, die bewertbare Verjüngung und stärkeren Verbiss aufweisen. Außerdem sollten die Bestände eine Mindestgröße von einem Hektar aufweisen und die Aufnahmeflächen mindestens 20 Meter vom Bestandsrand bzw. von Wegen und Straßen entfernt liegen.
Der Verbiss wird mit dem vorliegenden Verfahren probekreisweise aufgenommen. Ideal sind Probekreise mit einer Fläche von zehn Quadratmetern (Radius = 1,79 m). Sie können z. B. mithilfe eines entsprechend markierten Schießstocks festgelegt werden. Die Anzahl an Probekreisen sollte in Abhängigkeit von der Bestandsgröße und der erwarteten Dichte an Verjüngungsbäumen gewählt werden. Je Hektar sind mindestens 20 Probekreise aufzunehmen. Die Erfassung pro Probekreis dauert lediglich wenige Minuten. Aus den in den einzelnen Probekreisen erhobenen Schadklassen wird am Ende der Mittelwert gebildet.

Die Pflanzenaufnahme und Begutachtung erfolgt innerhalb des markierten Kreises (Radius 1,79 => Fläche 10 m²)

EINIGKEIT IST WICHTIG

Die SOLL-Werte und Mindestpflanzenzahlen nach dem baden-württembergischen FVA-Verfahren sollten keine starren Größen sein, sondern an die spezifischen Bedingungen des zu bewertenden Waldbereichs angepasst werden. Wichtig dabei ist aber, dass sich alle beteiligten Akteure (Waldbesitz, Jagd) über die Werte einig sind.

Aufnahme im Probekreis

Bei den Probekreisaufnahmen geht es um folgende Fragen:

1. In welcher Höhenstufe (über 20 cm; 21 bis 50 cm; 51 bis 130 cm) liegen die größten Bäumchen? Diese Höhenstufe wird Oberhöhe genannt.
2. Wird die Mindestpflanzenzahl in der Oberhöhe erreicht (siehe Sollwerttabelle)?
3. Wenn ja, Zählen der unverbissenen Pflanzen (erste horizontale Zeile in der Schadklassentabelle) und weiter mit Schritt 4. Wenn nein, gilt der Probekreis als nicht verjüngt und die Aufnahme kann beendet werden.
4. Wird der SOLL-Wert an unverbissenen Pflanzen erreicht (Schadklasse „0")? Wenn ja, kann die Aufnahme beendet werden, egal wie viele Pflanzen sonst noch im Probekreis sind.
5. Wird der SOLL-Wert an unverbissenen Pflanzen nicht erreicht, werden die verbissenen Pflanzen gezählt (erste vertikale Spalte der Schadklassentabelle) und mit diesem Wert die Schadklasse direkt aus der Tabelle abgelesen.

Schadklassentabelle für das baden-württembergische FVA-Verfahren

1. Höhenstufe: 51-130 cm (Soll-Wert 3), 21-50 cm (Soll-Wert 6), 10-20 cm (Soll-Wert 12)
2. Soll-Wert
3. Unverbissen
4. Verbissen

4. Verbissen \ 3. Unverbissen	0	1	2	3	4	5	6	7	8	9	10	11	12
0	0	0	0	0	0	0	0	0	0	0	0	0	0
1	IV	II	II	I	I	I	I	I	I	I	I	I	
2	IV	III	II	II	II	II	I	I	I	I	I		
3	IV	III	III	II	II	II	II	II	II	I			
4	IV	IV	III	III	II	II	II	II	II				
5	IV	IV	III	III	III	II	II	II					
6	IV	IV	III	III	III	III	II						
7	IV	IV	IV	III	III	III							
8	IV	IV	IV	III	III								
9	IV	IV	IV	III									
10	IV	IV	IV										
11	IV	IV											
12	IV												

I, II, III, IV = Schadklassen

Die Schadklasse jedes Probekreises kann unkompliziert aus der Tabelle abgelesen werden. Am Ende wird über die Schadklassen aller Probekreise das Mittel gebildet.

☞ SCHADENSBEWERTUNG NACH FVA-VERFAHREN BADEN-WÜRTTEMBERG

SCHADKLASSE	SCHADEN	AUSWIRKUNG AUF DIE WALDENTWICKLUNG
0	Kein Schaden	Kein Einfluss auf die Naturverjüngung
≤ 1,5	Geringer Schaden	Entwicklung der Naturverjüngung verlangsamt
1,6–3	Mittlerer Schaden	Entwicklung der Naturverjüngung deutlich verlangsamt
> 3	Hoher Schaden	Verhinderung Naturverjüngung

☞ SCHADENSRISIKO NACH BAUMARTEN (1: HOCH, 4: KEIN)*

BAUMART	VERBISSRISIKO	SCHÄLRISIKO
Eiche	1	3–4
Ahorn	1	2
Esche	1	2
Schwarzerle	4	4
Kiefer	3	4
Tanne	1	1

** nach REIMOSER & REIMOSER 2014*

ANDERE VERLUSTURSACHEN

Verbiss durch Schalenwild ist nur eine mögliche Ursache für nicht aufkommende Jungbäume. BLASKO et al. (2014) ermittelten bei entsprechenden Untersuchungen, dass der Feldhase zu 46,5 % am Verbiss von Sämlingen beteiligt war. NOPP-MAYR et al. (2015) fanden, dass bei der Buche etwa die Hälfte der Verluste an Sämlingen auf Invertebraten und Mäuse zurückgehen. Außerdem führen auch abiotische Faktoren sowie Pilzbefall stets zu einer hohen Mortalität bei den Sämlingen.

KEINE ANGST VOR REHWILDSCHWUND

Durch Rehwild verursachte Verbissprobleme können örtlich angegangen und gelöst werden. Anders als bei Rot- und Damwild bedarf es dabei keiner überörtlichen Planung und Koordinierung.

Der Waldumbau erhöht zweifellos die Biodiversität unserer Waldökosysteme. Zugleich

Es sind nicht nur die Rehe. Für Ausfälle in der Buchenverjüngung sorgen u. a. auch Mäuse.

führt sie aber auch zu einer Verbesserung der Habitatkapazität für unser Rehwild. Deshalb sind Befürchtungen, dass eine straffe Bejagung zum Niedergang dieser Art führen würde, unbegründet. Im Gegenteil eröffnet solch ein Jagen an anderen Plätzen, an denen kein Verbiss entsteht, größere jagdliche Freiheiten und vor allem mehr Ruhe fürs Wild.

VERBISSSCHUTZ

Zweifelsohne ist Jagd sehr wirksam, um Verbiss zu verhindern bzw. zu verringern, sie bietet aber nie eine sichere Garantie. Der Einsatz wirkungsvoller Verbissschutzmittel kann dabei unterstützen, den Bäumchen aus dem Äser zu helfen. Der Markt bietet dazu verschiedene Varianten an. Die Jungbäume können zum einen durch das Auftragen von chemisch-biologischen Mitteln vor Verbiss geschützt werden. Eine weitere Möglichkeit ist ein mechanischer Schutz der Bäumchen. Alle Methoden haben ihre individuellen Vor- und Nachteile und ihre Anwendung ist auch mit Aufwand verbunden. Sie tragen aber dazu bei, den Wald wachsen zu lassen. Erwähnt werden sollen hier zwei Schutzmethoden.

WUCHSHÜLLEN

Wuchshüllen können auf kleinen Flächen ihren Dienst tun. Sie schützen zum einen wirkungsvoll vor Verbiss- und Fegeschäden. Als geschlossene Hüllen stellen sie darüber hinaus eine Art „Minitreibhaus" dar: Das besondere Klima darin fördert das Wachstum der kleinen Bäume.

Wuchshüllen schützen und fördern das Baumwachstum.

MACHEN STATT REDEN

Das Thema Verbiss wieder und wieder zu be- und zerreden, kostet wertvolle Zeit. Sie wäre viel besser im Wald investiert. Gemeinsame Pflanzaktionen z. B. lassen den Wald wachsen, schaffen Vertrauen und Bewusstsein. Allianzen zwischen Jägern und Waldbauern sind heute für den Wald von morgen gefragt.

SCHAFFETT

Unter zahlreichen Verbissschutzmitteln haben sich solche als wirksam erwiesen, die auf der Basis von Schaffett wirken. Sie können mit der Sprühflasche aufgetragen werden und besitzen eine gute Pflanzenverträglichkeit. Fünf Liter reichen für 1250 Pflanzen.

DAS REH, DIE JAGD UND DER MENSCH

Vor einiger Zeit wurde ich mal zu einem Vortrag eingeladen, der sich mit dem Thema Wildverbiss befassen sollte. Das kommt selten vor, deshalb sagte ich gern zu, denn Wissen muss ja schließlich verbreitet werden. Aufwendig bereitete ich den Vortrag vor und stellte mich an jenem Tag dem Publikum. Schnell zeigte sich mir, wie weit die Wissenschaft teilweise von der Praxis entfernt ist: So manches, was aufwendig in der Wissenschaft erdacht wird, kann in dieser Form in der Praxis nicht umgesetzt werden, weil handhabbare Maßnahmen fehlen. Am Ende ist die Wissenschaft diesbezüglich also nur

so erfolgreich, wie es ihr gelingt, umsetzbare Instrumente zu entwickeln. Denn realisieren können sie nur die Akteure vor Ort.
Ein zweiter Aspekt ist die Motivation der Beteiligten. Ist diese geweckt, wird alles viel einfacher. Wie weit wir jedoch teilweise von einem tieferen Bewusstsein für die Verbissproblematik entfernt sind, wurde mir nach dem besagten Vortrag ebenfalls klar. Verschiedene Jagdgenossen gaben mir zu verstehen, dass sie eigentlich gar nicht genau wüssten, wo genau ihr Wald denn eigentlich sei. Dieses kleine, wenn auch nicht zu verallgemeinernde Beispiel hat mir gezeigt, dass der Wissenschaftler teilweise weit entfernt von den Problemen vor Ort ist und ein noch so ausgefeiltes Konzept wenig nutzt, wenn anderweitige Barrieren es verhindern. In diesem Punkt liegen bis heute riesige Reserven.

KOOPERATION STATT KONFRONTATION

In Deutschland gibt es etwa zwei Millionen Privatwaldbesitzer, die nahezu die Hälfte des Waldes unseres Landes auf sich vereinen. Diese Flächendimension verdeutlicht die enorme Verantwortung, die den vor Ort handelnden Personen einschließlich der Jäger zukommt. Die künftige Waldentwicklung wird in hohem Maße also auch von diesem Personenkreis abhängen. Die Entwicklung unseres Waldes muss folgerichtig als gemeinsame Herausforderung verstanstanden werden. Die Stärkung des Bewusstseins und der Verantwortung für unseren Wald haben dabei zentrale Bedeutung. Kooperation statt Feindbildpflege und Erarbeitung gemeinsamer Ziele von Forst und Jagd sowie darauf aufbauender Konventionen müssen dabei das Leitbild sein.

TIPP

Jäger und Waldbesitzer müssen gemeinsam in den Wald und den Verbiss erheben, idealerweise in Begleitung eines Försters. Nur auf dieser Ebene wird Bewusstsein für die Problematik geschaffen und gemeinsam an Lösungen gearbeitet. Im Ergebnis darf eine aufkommende und wachsende Verjüngung gleichermaßen für Jäger und Waldbesitzer als ihr Erfolg aufgefasst werden.

OFFENHEIT BEWAHREN

Gemeinsames „Wirtschaften“ setzt Offenheit, Verständnis und Vertrauen auf beiden Seiten voraus. Eben jene Offenheit sollte man sich grundsätzlich stets bewahren. Dies ist aber einfacher gesagt als getan: Untersuchungen zeigen, dass Vorbehalte gegenüber Andersdenkenden groß sind. Umgekehrt dauert es lange, bis selbst geringe Veränderungen Eingang in unsere vertrauten Gewohnheiten finden. Unser Denken ist bestimmt von Gewohnheiten, denn sie vereinfachen das Leben enorm. Genauso lähmen sie aber auch Veränderungen. Veränderungsbereitschaft und Offenheit braucht es aber, um neuen Herausforderungen auch gewachsen zu sein. In eine Verweigerungshaltung zu verfallen, und die Dinge auszusitzen, hilft ganz sicher nicht.

BESTÄTIGUNGSFEHLER

Sich in der modernen Informationsgesellschaft zurechtzufinden, ist nicht immer einfach. Aus der großen Flut sucht man sich da gern die Informationen heraus, die einen selbst interessieren. Dabei läuft man Gefahr, dem sogenannten Bestätigungsfehler (confirmation bias) aufzulaufen. Dies bezeichnet die psychologische Neigung, konsumierte Informationen so auszuwählen, dass sie die eigenen Erwartungen bestätigen. Das aber hält in den immer gleichen Denkmustern gefangen. Wir prüfen Information auf ihre Richtigkeit, nicht jedoch, ob sie vielleicht auch falsch sein könnten (MAI & RETTIG 2011). Um auf dynamische Entwicklungen und Erfordernisse zu reagieren, müssen eigene Positionen anhaltend objektiv und kritisch hinterfragt und ggf. auch korrigiert werden. Gegenseitiges Zuhören ist dafür ein sehr wichtiger Anfang.

„Es ist die größte Form des Wahnsinns, alles beim Alten zu belassen und gleichzeitig zu hoffen, dass sich etwas dabei ändert."

A. Einstein

Gemeinschaftssache Wald: Wir brauchen Kooperation statt Konfrontation.

ZUR RUHE KOMMEN

Eine ordentliche Neue hat das Land in eine weiße Hülle gepackt. Auch wenn sich unser Winter nachweislich verändert hat, bestimmt er in diesen Wochen die Natur. Jetzt läuft bei unseren Rehen alles auf Sparflamme, und wir sollten ihnen Ruhe gönnen.

Dem Jäger stellt sich in dieser ruhigen Phase des Jagdjahres vielleicht die Frage, wie viel Einfluss wir mit unserer Jagd auf Wildtiere nehmen. Klar ist, dass die Anforderungen an die Jägerschaft wohl so groß sind wie nie zuvor. Es sollen Wildtierbestände reguliert, Schäden verhindert und Krankheiten abgewehrt werden.

Allerdings ist es ebenso wichtig sicherzustellen, die Ansprüche des Wildes nicht aus den Augen zu verlieren. In diesem Zusammenhang stellt sich daher die berechtigte Frage: Wie viel müssen wir jagen und wie viel dürfen wir überhaupt jagen?

HARTE ZEITEN

Unstrittig ist, dass anhaltende Jagd für das Reh Stress bedeutet und es Kraft kostet. Dies gilt insbesondere für die kalte Jahreszeit, denn mit dem Winter beginnt für unsere heimischen Wildtierarten eine harte Zeit. Kalte Temperaturen, anhaltende Schneelagen und zunehmend verknappende Nahrung machen den Zeitraum von Januar bis zum Frühjahr zur zehrendsten Phase des gesamten Jahres. Sind die meisten Arten zu Winteranfang noch bei bester Kondition, geht es spätestens mit dem Jahreswechsel an die Reserven. Wie erwähnt, haben Untersuchungen ergeben, dass z. B. Ricken noch im Dezember ihre beste körperliche Verfassung des gesamten Jahres aufweisen. Mit dem Januar lässt diese aber rapide nach.

LETZTE RESERVE

Das Nierenfett ist für Rehe und andere vergleichbare Arten das letzte Depot. Es ist ein guter Anzeiger für die Kondition. Es sollte am Anfang des Winters am größten sein und verbraucht sich beim Reh zum Ende der kalten Jahreszeit.

WINTERANPASSUNGEN

Unsere Rehe haben im Laufe ihrer Evolution Wege gefunden, um die harte Jahreszeit schadlos zu überstehen. Allen derartigen Mechanismen ist gemein, dass sie der Einsparung von Energie dienen. Die Steuerung dieser „Energiesparprogramme" verläuft über die Photoperiode.

Nachdem im Sommer und Herbst bei guter Äsung wichtige Feistreserven angelegt worden sind, setzt ab Mitte Dezember der Sparmodus ein. Die Nahrungsaufnahme geht nun deutlich zurück. Zur Wintersonnenwende ist sie um 30 bis 40 Prozent reduziert. Zeitgleich kommt es zu einem signifikanten Umbau des Verdauungstraktes, der ca. zwei bis drei Wochen dauert. Dabei wird die innere Oberfläche des Pansens um etwa ein Drittel reduziert.

Um Energie zu sparen, gilt es aber auch, den Verlust an Wärme so gering wie möglich zu halten. Dies ist insofern entscheidend, als der Energieverbrauch für die Aufrechterhaltung einer „normalen" Körpertemperatur von 37 Grad Celsius immens wichtig ist. Das lufthaltige Winterhaar leistet einen erheblichen Beitrag, den Wärmeverlust zu begrenzen.

Energie lässt sich außerdem durch eine Einschränkung der Bewegung einsparen. Wie

Wie viel Jagen muss und darf sein? Sicher ist, dass auch das Wild einmal Ruhe haben muss.

Bei solchen Schneelagen müssen wir auf Rehjagden mit Hunden verzichten.

andere Arten auch „kocht" Rehwild im Winter diesbezüglich auf „Sparflamme", seine Aktivität reduziert sich um die Hälfte. Dies ist auch nötig: Rehe legen nur geringe Feistreserven für die kritische Phase des ausgehenden Winters an.

Als weitere Winterstrategie hat das Reh nicht zuletzt seine intensive und energiezehrende Brunft in den Sommer vorverlegt und versetzt die Embryonen in ihrem Frühstadium in eine bis Ende Dezember andauernde Embryonalruhe.

TIPP

Die Winterdecke unseres Rehwilds isoliert hervorragend. Wie hervorragend, erkennt man daran, dass Schnee, der den Körper eines ruhenden Rehs bedeckt, nicht taut.

KÖRPERTEMPERATUR UND HERZFREQUENZ

Seit einiger Zeit weiß man, dass weitere Möglichkeiten existieren, den Energieverlust zu minimieren. In der Wildbiologie nutzt man dazu u. a. Sensoren, die zu jeder Jahreszeit Daten über den inneren Zustand der Tiere – Temperatur und Herzschlagrate – liefern. Es handelt sich dabei um Sender, die von den Tieren abgeschluckt werden und dauerhaft in ihrem Netzmagen verbleiben.

Bei entsprechenden Untersuchungen zeigte sich, dass der im Winter reduzierte Energiebedarf des Rehs in erster Linie durch einen verringerten Wärmeverlust möglich wird. Auch unser Rehwild – wenn auch nicht in dem Maß wie Rotwild – bedient sich dazu ähnlicher Mechanismen, wie wir sie auch von winterschlafenden Arten kennen.

Eine saisonal verringerte Durchblutung macht es möglich, die Temperatur der Extre-

mitäten deutlich zu reduzieren. Aber auch im restlichen Körper wird die Temperatur abgesenkt. Zudem verringern die Tiere die Herzaktivität.
Der Energieverbrauch kann beim Rehwild so deutlich herabgesetzt werden (ARNOLD 2014). Umso gravierender wirken sich Störungen im Einstand (Aufmüden!) oder gar Bejagung mit Hunden in dieser Zeit aus. Der Energieverbrauch ist dann bis zu 30 Prozent höher als der ungestörten Wildes. Das verringert die Reserven empfindlich.

FÜTTERN IN NOTZEITEN?

Über die Fütterung von Wildtieren wurde in der Vergangenheit schon viel geschrieben. Grundsätzlich kann für die Tiefebene davon ausgegangen werden, dass keine Notwendigkeit einer Fütterung besteht. In alpinen Lagen ist das anders. Sollte die Gabe von Futter – aus welchen Gründen auch immer – erforderlich sein, muss einiges beachtet werden. Entscheidend ist, dass sich Art und Menge des Futters an den jeweiligen Erfordernissen orientieren. In Abhängigkeit von der Wildtierart beziehungsweise ihrem Ernährungstyp ergeben sich individuelle Ansprüche.
Die natürliche Äsung des Winters hat einen hohen Fasergehalt und nur geringe Anteile an Fett und Eiweiß. Im Sommer sind Rehe zwar in begrenztem Umfang in der Lage, faserreiche Kost zu verdauen, in den Wintermonaten jedoch fehlen ihnen die zellulosespaltenden Pansenbakterien: So verhungern sie mit vollem Pansen, wenn sie nur mit Grasheu gefüttert werden.
Für eine annähernd artgerechte Rehwildfütterung eignet sich Heu von Klee- oder Luzernepflanzen, das über die nötige Energie und speichelfördernde strukturelle Eigenschaften verfügt. Eine Gabe von Getreide ist dagegen äußerst problematisch, da sie zu einer Übersäuerung des Pansens bis hin zum Tod führen kann.
Auch das Offenhalten von Brombeerflächen vermag Rehen – und anderen Wildwiederkäuern – zu helfen. Die wintergrüne Brombeere ist auch noch in der kalten Jahreszeit energiereich und kann dazu beitragen, den Äsungsbedarf des Rehs zu decken.

Wenn schon füttern, dann richtig. Grasheu kann Rehwild nicht verwerten.

MIT HERZ UND VERSTAND JAGEN

Rehe haben sich seit Jahrmillionen an die herrschenden Bedingungen angepasst, denn im Winter gilt es, mit den Kräften zu haushalten. Sie können jedoch nur dann Energie sparen, wenn ihnen von uns die Möglichkeit gegeben wird, ihre bewährten Anpassungsmechanismen umzusetzen.

In diesem Zusammenhang muss die Forderung erneuert werden, jagdliche Eingriffe zum 31. Dezember zu beenden. Jagd wirkt sich auf alle Wildarten in einem Revier störend aus – egal welche Art konkret bejagt wird. Ist eine Bejagung, wie etwa beim Schwarzwild, unvermeidbar, muss Wert daraufgelegt werden, dass zumindest Teile des Reviers Möglichkeiten des ungestörten Rückzugs gewährleisten.

Nach ARNOLD (2013) kann bei gleicher Verbissbelastung ein deutlich höherer Bestand geduldet werden, wenn man dem Wild ermöglicht, sein Energiesparsystem anzuwenden. Alle Naturnutzer sollten sich deshalb besonders in der Winterzeit rücksichtsvoll verhalten. Während ein tierischer Prädator jagen muss, um seine eigene Existenz zu sichern, haben wir die Wahl.

Allein aus ethischen Gesichtspunkten müssen wir uns von den Beutegreifern des Tierreichs unterscheiden. Noch einmal: Jäger waren die ersten Menschen, die Tierarten als Mitgeschöpfe aufgefasst haben. Mit der Waidgerechtigkeit verfügen sie seit jeher über einen Normen- und Wertekatalog, der u. a. den Schutzgedanken in den Vordergrund stellt.

Der dringende Appell muss somit lauten: Gönnt dem Wild Ruhe!

„Gönnt dem Wild Ruhe!" Diesen Appell sollten sich alle zu Herzen nehmen. Jede Störung, die unsere Rehe zur Flucht veranlasst, kostet die Tiere gerade im Winter wertvolle Energie.

Gehen wir mit gutem Beispiel voran und leisten unseren Beitrag, denn zweifelsohne stellt auch die Jagd einen Störfaktor dar. Stellen wir sie deshalb Ende des Jahres ein!

SCHLUSSBEMERKUNG UND DANK

Nie zuvor hatten wir es ungeachtet lokaler oder örtlicher Sonderfälle mit derartigen Rehdichten zu tun, wie es heute der Fall ist. Folgerichtig wachsen die Anforderungen an Rehwildjagd und -jäger. Wie man Rehe jagt, ist nicht zuletzt eine Frage des Wissens und der Erfahrung. Es ist gleichzeitig aber auch eine Frage der persönlichen Einstellung. Und diese Einstellung ist geprägt von unserem jagdlichen Umfeld.

Zweifellos ist es komfortabler, sich dort zu bewegen, wo die eigene Meinung bestätigt wird. Menschen tun dies sogar intuitiv. Seien Sie aber offen und diskutieren Sie auch mit anderen, die vielleicht ganz andere Auffassungen vertreten! Lehnen Sie andere Gedanken und Vorstellungen nicht per se ab. Hinterfragen Sie Ihr eigenes Jagen. Bleiben Sie neugierig und bereit für Neues. Streifen Sie auch Praktiken ab, die vielleicht veraltet oder gar fraglich sind. Konservieren Sie zugleich aber Bewährtes. Binden Sie neue wissenschaftliche Erkenntnisse in Ihr eigenes jagdliches Handeln ein. Denn so, wie es sich bei unseren Lebensräumen und ihren Lebensgemeinschaften um dynamische Systeme handelt, verhält es sich auch mit unserer Jagd. Es kann kein Zweifel daran bestehen, dass wir die Verpflichtung haben, nachfolgenden Generationen einen funktionierenden Wald zu übergeben. Wir haben diese Pflicht aber auch bezüglich der Wildtiere. Wir brauchen also gesamtheitliche Ansätze, die Wald (bzw. Lebensraum) und Wild und deren jeweilige Belange gleichermaßen berücksichtigen. Auch der Jäger darf also nicht nur die jagdliche Beute am Ende seines Weges sehen. Es wird gleichzeitig auch sein Verdienst sein, wenn der Wald wächst.

Die vor uns liegenden Herausforderungen müssen wir als gemeinsame Aufgabe begreifen. Zu ihrer Bewältigung brauchen wir Allianzen aus allen Landnutzern und der Jagd – Kooperation eben statt Konfrontation. Die Entscheidung, es gemeinsam zu versuchen, liegt bei jedem selbst.

DANKSAGUNG

Ich danke Frau Dr. Kathleen Röllig für die kritische Durchsicht des Manuskripts und viele inspirierende Diskussionen. Mein Dank gilt auch meinen Kollegen Robin Sandfort und Dr. Rudi Suchant für das Überlassen verschiedener Daten und Grafiken. Des Weiteren danke ich den Revierförstern Alexander Kelle, Michael Fohl und Heiko Großmann für ihre wertvolle Zuarbeit sowie nicht zuletzt meiner Tochter Hanna für ihr inspirierendes und motivierendes Wesen.

ÜBER DEN AUTOR

Dr. Konstantin Börner, geboren 1978 im brandenburgischen Bernau, studierte Biologie und Agrarwissenschaften. Er promovierte in Wildbiologie über den Rotfuchs und ist heute wissenschaftlicher Mitarbeiter des Leibniz-Instituts für Zoo- und Wildtierforschung in Berlin sowie amtlich bestellter und vereidigter Sachverständiger für Jagd und Wildbiologie. Konstantin Börner jagt selbst seit seiner Jugend, hat ein Jagdrevier in Brandenburg gepachtet und ist Mitglied der „Gesellschaft für Wildtier- und Jagdforschung e. V.". Der Mitautor des Kosmos-Buchs „Fuchsjagd" publiziert als Wissenschaftsjournalist regelmäßig in wildbiologischen und jagdlichen Fachzeitschriften.

REGISTER

A
Abwanderung 34 f., 41 f., 46 ff., 53, 130 f.
Aktivitätsphasen 38, 47, 49, 64, 74, 103, 107, 121
Albino 84
Allometrie 63
Altersbestimmung 92
Altholz 64, 74
Angstgeschrei 76
Anpassung 10 f., 20, 39, 49, 94, 151, 154,
Ansitz 64, 66, 76, 81, 99 f., 114 f.
Ansitzeinrichtungen 24, 28
Äsung 10, 22, 38 f., 42, 49, 59 ff., 92, 94, 124, 151, 153
Ausflugsricke 52

B
Beobachtbarkeit 23, 64, 66
Beschlag 16, 19, 52 ff., 56 ff., 71 ff., 124
Bestand 26 ff., 35 f., 86, 95, 128 f., 150, 154
Bestandesgesundheit 35
Bestandsdichte 40, 120
Blattzeit 40, 48 f., 51 ff., 58, 64, 68 f., 72, 74, 107

C
Cervide 29

D
Dachs 20, 126
Damenwahl 72
Damhirsche 11
Dämmerung 38, 103, 106
Damwild 20 f., 29, 146
Davidshirsch 11
Diapause 122 ff.
Doppelkopf 13
Drohne 29, 32 ff.
Drückjagd 83, 99 f., 115 f., 133–139

E
Eigenes Verhalten 76, 100, 136
Erfolgskontrolle 112, 116, 137

F
Faktoren 20, 32, 46, 58, 60, 90 ff., 96, 110, 122, 128, 140, 142, 146
Farbe 22, 82 ff., 101 f.
Fegetermin 9
Feind 15 ff., 69, 94
Flucht 34, 86, 88, 90, 100, 104, 108, 120, 132, 134 f.
Fortpflanzung 11, 14, 52, 54 ff., 70 f., 73, 94, 96, 126, 130
Frostgehörn 13
Fuchs 19 f.

G
Gene 12, 54, 62 ff., 83, 93, 127
Geschlechtsreife 47, 71
Geweihzyklus 8, 11 f.

H
Hochsitz 5, 101, 109
Hormone 8 f., 12 f., 72, 74

I
Immunsystem 57, 124
Individuen 30, 34, 46, 50, 98, 105

J
Jagdanalyse 116
Jagdbeginn 43
Jährlinge 9 f., 15, 22, 24, 39, 41, 46 ff., 5, 57, 60, 92

K
Kausalität 114
Keimanlage 123, 124

Kitzfiep 32, 69, 76, 107
Kleptogamie 58
Klimawandel 10
Korrelation 114
Kotgenotypisierung 30 f.

L
Landschaften 25, 77 f., 87, 94, 120
Luchs 19, 83

M
Methoden 27 ff., 34, 140, 146
Minireviere 39
Moorbock 84
Muttertier 138 f.

N
Nachbrunft 53, 72
Nervensystem 88

P
Perückenbock 12
Planung 32, 35, 77, 102, 129, 133, 134, 146
Platzbock 14 f., 47, 51, 57
Platzböcke 14 f., 41, 46 ff., 51, 57, 71
Populationsdichte 27 f., 46, 56, 95, 128, 131
Populationsökologie 59
Prädationsrisikoeffekt 132
Probekreis 144

R
Reproduktionsrate 56, 96
Revierlosigkeit 39, 51, 71
Rickenfiep 76
Rotwild 19, 57, 89, 128, 153
Rusahirsch 11

S
Schallkanone 34
Scheinwerfertaxation 30
Schlaf 90, 110, 120 f., 152
Schlafzeit 122
Schmalreh 23 f., 37, 43, 53, 56, 68, 71 f., 76, 92. 95, 106
Schmalrehe 22, 24, 36, 42, 52, 56, 68 f., 72, 76, 92, 94, 106
Selektion 56 f., 62 f., 69, 97
Setzzeitpunkt 10 f., 53, 124
Sichtbeobachtung 28
Silver-spoon-Effekt 20
Spermienkonkurrenz 55
Störungen 11 ff., 40, 48, 64, 86, 88 f., 103, 106, 140, 153
Streckendokumentation 35, 68
Streckenrückrechnung 27 f., 31
Streifgebiet 14, 19, 39, 51 f., 72, 128, 130
Stress 21 f., 50, 60, 69, 72, 87 ff., 95, 123, 151

T
Tod 18, 24, 35, 83, 96, 98, 110, 123, 154
Träumen 123
Treiber 69, 135 ff.

V
Verbisschutz 147
Verfahren 27 ff., 93, 141 ff.

W
Wachstum 8, 54, 57, 59, 63, 98, 147
Wanderböcke 51 f.
Wandern 46f., 50 ff., 129 ff.
Wärmebild 25, 30 ff., 102
Wasser 48 ff.
Wetter 20, 24, 71, 74, 99, 138
Wiederfang 29 f.
Wildarten 30, 48, 94, 104, 120, 154
Wildbiologisch 8 ff., 46 ff., 82, 89 ff., 120
Wildtiere 50, 79, 89 ff., 120, 123, 132, 150, 153, 156
Wind 24 f., 34, 76, 99, 102 f., 107, 134
Wolf 19, 38, 40, 42, 83
Wundfährte 110

Z
Zähltreiben 28

BILDNACHWEIS

Mit 151 Fotos von AdobeStock/adamikarl: S. 139 /Zahi Ben-Aroya: S. 97 /aussieanouk: S. 126 /Mike Bender: S. 18 /Hassan Bensliman: S. 154 /David Bodescu: S. 99 l. /Steve Byland: S. 129 o. /Chamois huntress: S. 121 /Vladimir Chebanov: S. 152 /Christine: S. 79 /Countrypixel (3): S. 32 l., 78 beide / Creative Nature (2): S. 38, 41 /Fabian Deleon: S. 147 /denis_333: S. 82 /d_e_r_i_c: S. 49 u. /Sandra Dombrovsky: S. 133 /dth48: S. 21 /Soru Epotok: S. 86 /Klaus Epple: S. 90 /Michael Fritzen(2): S. 6/7, 91 u. /Rainer Fuhrmann: S. 26/27 /Andrea Geiss: S. 91 o. /Ralf Geithe: S. 153 /Sebastian Grell: S. 33 /Kaspars Grinvald (2)s: S. 77, 118/119 /grus444: S. 120 r. /Frank Günther: S. 61 u. / Christina Hanck: S. 61 o. /Kai-Helge Hercher: S. 31 /Igor: S. 151 /ihorvsn: S. 149 /Andy Ilmberger: S. 99 r. /Johannes Jensås: S. 83 /JGS2584: S. 89 r. /Johnér: S. 80/81 /Jordi: S. 54/55 /Xaver Klaußner (3): S. 19 o., 57, 85 l. /Alex Kottal: S. 52 /Pavol Klimek: 130/131 /KOZMA_ATTILA: S. 156 / kozorog: S. 55 u.< /Krzysztof: S. 96 /Piotr Krzeslak (3): S. 73, 85 r., 124 /Indrek Ladva: S. 40/41 /Mike Lane: S. 11 /Liddy Lange: S. 17 u. /Andrei Lazar: S. 137 /Joris Machholz: S. 39 /Erik Mandre: S. 17 o. /Meinrad: S. 125 /Rolf Müller: S. 541 / Lara Nachtigall (2): S. 29, 116/117 /Melinda Nagy: S. 88/89 /ondrejprosicky: S. 22 /prochym: S. 53 /H. Rambold: S. 25 /Robin: S. 146 / Bernd Schmidt: S. 87 /Klaus-Herbert Schröter: S. 59 r. /Ignatius Tan: S. 129 M /taviphoto: S. 42 /Christian Weiss: S. 84 o. l. / Werner: S. 122 /Woodcraft. photo: S. 105 r. /Joerg Wester: S. 9 /Matthijs Wetterauw: S. 94 /WildMedia (6): S. 14 u., 19 u., 44/45, 49 o., 84 o. r., 155 /Bernd Wolter: S. 84 u. /Xalanx (2): S. 51, 140 / Lei Zhu NZ: S. 129 u. /歌うカメラマン: S. 102; Dr. Konstantin Börner (7): S. 24, 13 o., 32 r. 109, 111, 114, 138; René Greiner: S. 30; Christof Haberle: S. 157; Horst Jegen: S. 108; Markus Lück (4): S. 34, 66, 92 o., 107; Eike Mross: S. 113; Ekkehard Ophoven (5): S. 62, 70 u., 115, 134, 136; Dr. Kathleen Röllig (5): S. 10, 69, 103 u., 104/105 l., 144; Robin Sandfort: S. 89 u.; Aldin Selimovic, FIWI, Vetmeduni Wien: S. 92 u.; Jörg Uhlemann (2): S. 50, 120 l.; Karl-Heinz Volkmar (30): S. 8, 12, 13 M. und u., 14/15 o., 35, 36 beide, 43, 46, 47, 48, 58 l., 58/59, 65, 68, 70 o., 71, 75 o., 76, 88 l., 95, 98, 100/101, 103 o., 106, 127 beide, 135 beide; Tobias Westen: S. 112

Mit 11 Grafiken nach Vorlagen des Verfassers von Gerhard Weiland: S. 93; KOSMOS-Archiv (10): alle Übrigen

IMPRESSUM

Umschlaggestaltung von Büro Jorge Schmidt, München, unter Verwendung eines Fotos von Shutterstock/Kozma 94

Mit 151 Farbfotos und 11 Grafiken

Unser gesamtes Programm finden Sie unter **kosmos.de.** Über Neuigkeiten informieren Sie regelmäßig unsere Newsletter, einfach anmelden unter **kosmos.de/newsletter**

Gedruckt auf chlorfrei gebleichtem Papier

Alle Angaben in diesem Buch erfolgen nach bestem Wissen und Gewissen. Sorgfalt bei der Umsetzung ist indes dennoch geboten. Der Verlag und der Autor übernehmen keinerlei Haftung für Personen-, Sach- oder Vermögensschäden, die aus der Anwendung der vorgestellten Materialien, Methoden oder Informationen entstehen können.

ISBN 978-3-440-17887-4
Redaktion: Ekkehard Ophoven
Gestaltungskonzept: Peter Schmidt Group GmbH, Hamburg
Gestaltung und Satz: DOPPELPUNKT, Stuttgart
Produktion: Kim Kanstinger
Druck und Bindung: Westermann Druck, Zwickau
Printed in Germany / Imprimé en Allemagne

FSC
www.fsc.org
MIX
Papier | Fördert gute Waldnutzung
FSC® C110508